中国石油和化学工业优秀教材奖

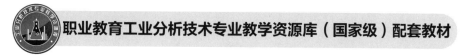

职业教育工业分析技术专业教学资源库（国家级）配套教材

环境分析与监测

张 欣　徐 洁　主　编

张 丽　副主编

U0205670

化学工业出版社

·北京·

《环境分析与监测》全面贯彻党的教育方针，落实立德树人根本任务，在教材中有机融入党的二十大精神。是国家级工业分析技术专业教学资源库（网址：http://gyfxjszyk.ypi.edu.cn）环境分析与监测课程的配套教材，也是一本信息化立体教材。教材中的微课、视频、动画、拓展内容及配套资源均可以通过二维码扫描来进行学习，为师生实时学习提供方便。

《环境分析与监测》共设五个项目，分别是认识环境监测、水与废水监测、大气与废气监测、土壤与固体废物监测、噪声监测。本书在内容上注重结合我国环境监测的现状，力求反映当前国内外的发展趋势，并突出了环境监测的特点。内容选取均以国家标准、环境标准、技术规范为蓝本。本教材选择真实的工作项目为主线，针对性地进行环境监测"领任务—组团队—读指标—勘现场—订计划—布点位—查资料—解标准—剖方案—配试剂—学仪器—采样品—预处理—做测试—算数据—作评价"全过程的技能实践，培养学生的迁移能力、自学能力。

本书为高职高专环境类专业教材，也可供工业分析技术教学及相关技术人员参考。

图书在版编目（CIP）数据

环境分析与监测/张欣，徐洁主编. —北京：化学工业出版社，2019.3（2023.9重印）
职业教育工业分析技术专业教学资源库（国家级）配套教材
ISBN 978-7-122-33630-9

Ⅰ.①环⋯ Ⅱ.①张⋯②徐⋯ Ⅲ.①环境分析化学-职业教育-教材②环境监测-职业教育-教材 Ⅳ.①X132②X8

中国版本图书馆 CIP 数据核字（2019）第 003725 号

责任编辑：刘心怡 蔡洪伟　　　　　　　文字编辑：汲永臻
责任校对：王 静　　　　　　　　　　装帧设计：王晓宇

出版发行：化学工业出版社（北京市东城区青年湖南街13号　邮政编码100011）
印　　刷：三河市航远印刷有限公司
装　　订：三河市宇新装订厂
787mm×1092mm　1/16　印张10¼　字数265千字　2023年9月北京第1版第6次印刷

购书咨询：010-64518888　　　　　　　售后服务：010-64518899
网　　址：http://www.cip.com.cn
凡购买本书，如有缺损质量问题，本社销售中心负责调换。

定　　价：32.00元

前言

　　环境分析与监测是环境类专业的一门专业课，也是工业分析技术专业的一门专业课，课程的实践性和应用性很强。我国职业教育课程改革正处于从理念到实践转换的关键时期。以任务为引领、以项目为载体，突出现实职业能力培养的课程模式，是课程改革的基本价值取向。本书在编写时本着"以项目驱动为主体、以典型任务为引领"的原则，借助实践项目训练，实现"教、学、做"的合一，立足培养学生实际工作能力。

　　教材选择真实的工作项目为主线，针对性地进行环境监测"领任务—组团队—读指标—勘现场—订计划—布点位—查资料—解标准—剖方案—配试剂—学仪器—采样品—预处理—做测试—算数据—作评价"全过程的技能实践，培养学生的迁移能力、自学能力。

　　本书是国家级工业分析技术专业教学资源库（网址：http://gyfxjszyk. ypi. edu. cn）环境分析与监测课程的配套教材，也是一本信息化立体教材。教材中的微课、视频、动画、拓展内容及配套资源均可以通过二维码扫描来进行学习，为读者线上线下混合学习提供方便。

　　本书共设五个项目，分别是认识环境监测、水与废水监测、大气与废气监测、土壤与固体废物监测、噪声监测。本书在内容上注重结合了我国环境监测的现状，力求反映当前国内外的最新发展趋势，并突出了环境监测的特点。内容选取均以国家标准、环境标准、技术规范为蓝本。

　　本书由四川化工职业技术学院张欣、扬州工业职业技术学院徐洁任主编，四川化工职业技术学院张丽任副主编，扬州工业职业技术学院钱琛主审。编写分工如下：

　　项目一、项目五由四川化工职业技术学院张丽编写；

　　项目二由四川化工职业技术学院张欣编写；

　　项目三、项目四由扬州工业职业技术学院徐洁、龚爱琴和扬州环境监测中心站汪霄编写。

　　扬州工业职业技术学院陈海燕负责附录选编，张欣、徐洁负责全书的统稿、润饰。教材中的微课、视频、动画、拓展内容及配套资源主要由扬州工业职业技术学院和安徽职业技术学院提供。

　　由于编者水平有限，书中难免有不妥和疏漏之处，恳请广大同行及读者批评指正。

编者

2018 年 9 月

目 录

项目 一　认识环境监测

项目 二　水与废水监测

项目 五　噪声监测

附录

参考文献

项目一
认识环境监测

 项目引导

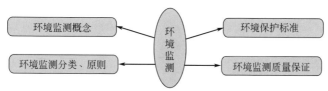

"环境监测"这一概念最初是随着核工业的发展而产生的。放射性物质对人体及周围环境的威胁，迫使人们对核设施进行监测，测量放射性和强度，并可随时报警。随着工业的发展和环境污染问题的频频出现，环境监测的含义扩大了，逐步由工业污染源监测发展到大环境的监测，即监测的对象不仅仅是污染物及污染因子，还延伸到对生物、生态变化的监测。

想一想

1. 环境监测最早起源于什么时候？起源背景是什么？
2. 环境监测的定义是什么？谈谈你的理解。
3. 环境监测的对象主要是什么？
4. 环境监测有哪些分类？怎样理解各种分类情况，举例说明。
5. 环境监测遵循的基本原则是什么？

任务一 识记环境监测基本常识

任务要求

1. 认识环境监测的概念。
2. 了解环境监测的分类、原则和特点。
3. 了解环境监测的"五性"要求。

一、环境监测的概念

环境监测是运用现代科学技术方法，以间断或连续的形式定量地测定环境因子及其他有害于人体健康的环境污染物的浓度变化，观察并分析其环境影响过程与程度的科学活动。它是环境科学和环境工程的一个重要组成部分，环境化学、环境物理学、环境生物学、环境地质学、环境经济学、环境管理学、环境医学以及某些新技术是环境监测的基础。

二、环境监测技术

早期进行环境监测以化学分析为主要手段，建立在对测定对象间断、定时、定点、局部分析的结果上，已不能适应及时、准确、全面地反映环境质量动态和污染源动态变化的要求。20 世纪 70 年代后期，随着科学技术的进步，环境监测技术迅速发展，仪器分析、计算机控制等现代化手段在环境监测中得到了广泛应用，各种自动连续监测系统相继问世。环境监测从单一的环境分析发展到物理监测、生物监测、遥感卫星监测，从间断性监测逐步过渡到自动连续监测。监测范围从一个断面发展到一个城市、一个区域、整个国家乃至全球。一个以环境分析为基础、以物理测定为主导、以生物监测为补充的环境监测技术体系已初步形成。

动画扫一扫

M1-1环境自动检测系统

环境监测技术不仅仅是各种测试技术，还包括布点技术、采样技术、数据处理技术和综合评价技术等，采样技术和数据处理技术将于本书特别阐述，综合评价技术可参看相关书籍，这里对目前较常用的污染物测试技术做一个概括（见图 1-1）。

三、环境监测内容

从监测的环境要素来看，环境监测的内容包括水质监测（各种环境水和废水的监测技术）、大气监测（包括环境空气和废气的监测技术）、土壤与固体废物监测、生物监测、生态监测、物理污染监测等。

1. 水质监测

水质监测的项目非常多，就水体来说有地表水（包括江、河、湖、海、各类景观水体）、地下水、各类工业废水和生活污水等。主要监测项目大体可分为两类：一类是反映水质受污染的指标，如温度、色度、浊度、pH 值、电导率、悬浮物、溶解氧、化学需氧量、生化需氧量、氮磷等营养盐；另一类是有毒物质，如酚、氰、砷、铅、铬、镉、汞、有机农药、苯并芘等。除上述监测项目外，还有水体流速和流量测定。

2. 大气监测

大气监测主要是对大气中的污染物质及含量进行监测。目前已知的空气污染物有 100 余种，这些污染物以分子和粒子态存在于空气中。分子态污染物的监测项目主要有二氧化硫、氮氧化物、碳氧化物、臭氧、总氧化剂、卤化氢以及烃类化合物等；粒子态污染物的监测项目主要有总悬浮颗粒物（TSP）、飘尘（IP）、自然降尘量及尘粒的化学组成（如重金属、多环芳烃等），同时，为了了解粉尘的分散情况，还可对其粒径进行测定。此外，局部地区可根据具体情况增加某些特有监测项目。

3. 土壤与固体废物监测

土壤的污染主要是由两方面因素引起的，一方面是工业废物（如废水和废渣）引起的污染，另一方面是化肥和农药的使用引起的污染。其中，工业废物是土壤污染的主要原因。

4. 生物监测

大气、水、土壤是一切生物生存、生长的条件，无论动物或植物，都是直接或间接从大气、水、土壤中吸取生长所需营养。伴随营养的摄入，有害的污染物也通过食物链被摄入生物体内，其中有些毒物在生物体内还会被富集，不仅使动植物生长和繁殖受到损害甚至死亡，还会危害人类健康。因此，对生物体内有害物的监测、对生物群落种群变化的监测也是环境监测的内容，具体监测项目视情况而定。

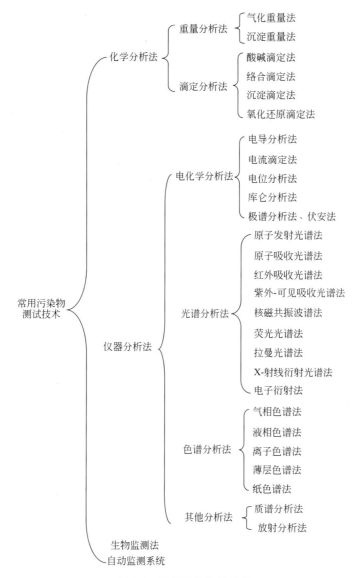

图 1-1　常用环境监测技术

5. 生态监测

生态监测就是观测与评价生态系统对自然变化及人为变化所做出的反应，是对各类生态系统结构和功能时空格局的度量。它包括生物监测和地球物理化学监测。生态监测是比生物监测更复杂、更综合的一种监测技术，是以生命系统（无论是哪一层次）为主进行的环境监测技术。

6. 物理污染监测

物理污染的监测包括对噪声、振动、电磁辐射、放射性等物理能量的监测。与化学污染所不同的是，这些污染不会引起人体中毒，但当此类污染超过其阈值时，就会对人体的身心健康造成严重危害，尤其是放射性物质所放出的 α 射线、β 射线和 γ 射线对人体损害可能更大。因此，物理污染的监测也是环境监测的重要部分。

四、环境监测分类

环境监测是环境保护和环境科学研究的基础。它既为了解环境质量状况、评价环境质量提供信息，又为贯彻和执行各种环境保护法令、法规和条例提供科学依据。它属于环境规划和管理部门以及厂矿企业进行全面质量管理的一部分。

按照监测目的，环境监测可以分为以下类别。

1. 监视性监测（例行监测或常规监测）

又称为监督监测或环境质量监测，指对确定的环境要素或污染物质的现状和变化趋势进行连续的监测，及时发现污染情况，评价污染控制措施的效果以及环境标准实施情况；对指定的有关项目进行定期的、长时间的监测，以确定环境质量及污染状况、评价控制措施的效果，衡量环境标准实施情况和环境保护工作的进展。该类监测属于"环境监测站第一位主体工作"。

2. 特定目的监测

主要包括污染事故监测、仲裁监测、考核验证监测及咨询服务监测。

（1）污染事故监测　在发生污染事故时进行应急监测，以确定污染物扩散方向、扩散速度和危及范围，为控制污染提供依据。这是针对已发生的污染性事故进行的突击性监测，以确定污染物的种类、污染程度和危害范围，协助判断与仲裁造成事故的原因，并及时采取有效措施来降低或消除事故的危害。采用流动监测（车、船等）、简易监测、低空航测、遥感等手段。如汶川大地震后饮用水的监测、龙江河污染事故监测。

（2）仲裁监测　主要针对污染事故纠纷、环境执法过程中所产生的矛盾进行监测。

仲裁监测应由国家指定的具有权威的部门进行，以提供具有法律责任的数据（公证数据），供执法部门、司法部门仲裁。

（3）考核验证监测　监测人员技术考核、监测方法验证、污染治理项目竣工时的验收监测。

（4）咨询服务监测　为政府部门、科研机构、生产单位所提供的服务性监测。如：建设项目新企业应进行环境影响评价，需要按照评价要求进行监测；室内空气质量监测。

3. 研究性监测（科研监测）

为研究环境要素或某类污染物在环境中的演化规律、迁移模式以及对环境、人体和生物的影响，为研究控制环境污染的措施和技术要求，为研究监测分析方法、监测仪器制造而进行的各种监测。如：环境本底的监测及研究；有毒有害物质对从业人员的影响研究；为监测工作本身服务的研究（统一方法、标准分析方法的研究、标准物质的研制等）。

五、环境监测的原则

世界上已知化学品有700多万种，进入环境的物质已达10万种，在监测过程中，必须有重点、针对性地对部分污染物进行监测和控制，即遵循优先监测原则。对众多有毒污染物进行分级排队，从中筛选出潜在危害性大、在环境中出现频率高的污染物作为监测和控制的对象。这一筛选过程就是数学上的优先过程，经过优先选择的污染物称为优先污染物。

优先监测的污染物具有以下特点：

① 难降解，在环境中有一定残留水平；
② 有科学可靠的监测方法，并能获得准确的数据；
③ 环境中出现频率高，含量已接近或超过规定标准，并且污染趋势在上升；
④ 样品有广泛的代表性，能反映环境综合质量。

六、环境监测的特点

① 生产性：有一个类似生产的工艺定型化、方法标准化和技术规范化的管理模式，数据就是环境监测的基本产品。
② 综合性：监测手段，监测对象，监测数据的处理。
③ 追踪性：要保证监测数据的准确性和可比性，就必须依靠可靠的量值传递体系进行

数据的追踪溯源。

④ 连续性：如同水文气象数据一样，只有在有代表性的监测点位上持续监测，才有可能客观、准确地揭示环境质量发展变化的趋势。

⑤ 执法性：环境监测所得的数据可作为某些环境纠纷、环境管理、排污收费的重要依据。

七、环境监测的要求

环境监测具有以下要求，简称"五性"要求。

1. 代表性

指在具有代表性的时间、地点，并按规定的采样要求采集有效样品。所采集的样品必须能反映环境总体的真实状况，监测数据能真实代表某污染物的存在状态和环境状况。任何污染物的分布不可能是十分均匀的，因此要使监测数据如实反映环境质量现状和污染源的排放情况，必须充分考虑所测污染物的时空分布，必须首先优化布设采样点位，使所采集的样品具有代表性。

2. 完整性

完整性强调工作总体规划的切实完成，即保证按预期计划取得有系统性和连续性的有效样品，而且无缺漏地获得这些样品的监测结果及有关信息。

3. 可比性

可比性指用不同测定方法测量同一水样的某污染物时，所得结果的吻合程度。在环境标准样品的定值时，使用不同标准分析方法得出的数据应具有良好的可比性。可比性不仅要求各实验室之间对同一样品的监测结果可比，也要求每个实验室对同一样品的监测结果应该达到相关项目之间的数据可比，相同项目在没有特殊情况时历年同期的数据也是可比的。实现国际间、行业间的数据一致、可比，以及大的环境区域之间、不同时间之间监测数据的可比。

4. 准确性

准确性指测定值与真实值的符合程度，监测数据的准确性受从试样的现场固定、保存、传输，到实验室分析等环节影响。一般以监测数据的准确度来表征。

5. 精密性

数据的准确性是指测定值与真实值的符合程度，而其精密性则表现为测定值有无良好的重复性和再现性。精密性以监测数据的精密度表征，是使用特定的分析程序在受控条件下重复分析均一样品所得测定值之间的一致程度。它反映了分析方法或测量系统存在的随机误差的大小。测试结果的随机误差越小，测试的精密度越高。

> 💡 **想一想**

1. 怎样描述环境监测的全过程？
2. 我国环境标准是如何分类分级的？
3. 环境标准在环境监测中的意义是什么？

任务二　识记环境标准基本常识

> 💡 **任务要求**

1. 认识环境标准的概念。

2. 了解中国环境标准的分类分级。

一、环境标准

环境标准是为了保护人群健康、防治环境污染、促使生态良性循环、合理利用资源、促进经济发展，依据环境保护法和有关政策，对有关环境的各项工作所作的规定。

环境标准是对某些环境要素所作的统一的、法定的和技术的规定。环境标准是环境保护工作中最重要的工具之一。环境标准用来规定环境保护技术工作，考核环境保护和污染防治的效果。

环境标准是按照严格的科学方法和程序制定的。环境标准的制定还要参考国家和地区在一定时期的自然环境特征、科学技术水平和社会经济发展状况。环境标准过于严格，不符合实际，将会限制社会和经济的发展；过于宽松，又不能达到保护环境的基本要求，造成人体危害和生态破坏。

环境标准具有法律效力，同时也是进行环境规划、环境管理、环境评价和城市建设的依据。

二、中国环境标准的分类与分级情况

一般说来，环境标准在我国分为六类两级。六类环境标准为：环境质量标准、污染物控制标准（或称污染物排放标准）、环境基础标准、环境方法标准、环境标准物质和环保仪器设备标准。两级是指国家级环境标准和地方环境标准。其中，环境基础标准、环境标准物质、环保仪器设备标准和环境方法标准只有国家级环境标准。

环境质量标准主要包括水环境质量标准、大气环境质量标准、城市区域环境噪声标准等。它是为了保护人类身体健康，提高生活质量和维持生态平衡，而对有害物质或有害因素在环境中的允许限量所作的规定。它是当时环境政策的目标、环境管理部门的工作依据，同时也是制定污染物排放标准的依据。

污染物排放标准种类繁多，目前主要有大气污染综合排放标准、污水综合排放标准及各种专门工业企业废水、废渣、废气污染物排放标准等。污染物排放标准是为了实现环境质量目标，结合经济技术条件和环境特点，对排入环境中的有害物质或有害因素所作的控制规定。

环境基础标准是指在环境保护工作范围内，对需统一规定的有关名词、术语、符号、标记、方法等所作的具有法律效力的定义。它是制定其他环境标准的基础。

环境方法标准是指在环境保护工作范围内，以试验、检查、分析、取样、保管、统计、作业等方法为对象所制定的各种标准。

国家级环境标准是指由国家专门机构批准颁发，在全国范围内适用的标准。地方环境标准是指由各级地方政府部门批准颁发的在特定区域内适用的标准。国家制定的国家级环境标准在全国范围内执行。由于我国地域辽阔，各地自然条件和经济发展水平不同，环境容量各异，加之国家标准中有些项目未作具体规定，所以允许地方环保部门根据自己的地方环境特点和经济技术条件，在不适宜执行国家标准时制定地方环境质量补充标准和污染物排放标准。在颁布了地方环境标准的地区，原则上需要执行地方环境标准。

由上可见，国家标准是地方标准制定的依据，地方标准是国家标准的补充，它们共同构成了完整的环境标准体系。

三、环境监测工作与环境标准

1. 方法标准

环境监测方法标准，是指为监测环境质量和污染物排放，规范采样、分析测试、数据处理等技术所制定的国家环境监测方法标准。环境监测要求"依法监测"，"法"就是标准。也就是说环境监测方法标准具有规范性、强制性、严格的制定程序、显著的技术性和时限性。

2. 结果评价

环境监测数据的作用在于对监测对象进行评价，否则一个纯粹的数据毫无意义。通常，要进行"对标"评价。评价相应的环境质量主要是依据环境质量标准，如：长江水质、某水库水质用地表水质量标准进行评价；在某地进行环境空气质量监测，对二氧化硫、二氧化氮等监测，要使用环境空气质量标准进行评价；同理还有室内空气质量标准、声环境质量标准、土壤环境质量标准等。评价结论一般是"符合××××标准值要求"，或者"不符合××××标准值要求，受到了污染"。

针对污废水、废气、噪声污染等情况，则需要使用污染物排放标准。它是国家对人为污染源排入环境的污染物浓度或总量所作的限量规定，包括国家污染物排放标准和地方污染物排放标准，其中有地方标准的要优先执行，因为地方标准比国家标准要求更加严格。排放标准还分为综合排放标准和行业排放标准，有行业排放标准的要优先执行。污染物综合排放标准如工业企业厂界环境噪声排放标准、大气污染物综合排放标准、污水综合排放标准；行业污染物排放标准规定某一行业所排放的各种污染物的容许排放量，只对该行业有约束力，如甜菜制糖工业水污染物排放标准、医院污水排放标准、石油化工水污染物排放标准。因此，同一污染物在不同行业中的容许排放量可能不同。

评价结论一般是"符合××××标准值，可以达标排放"，或者"不符合××××标准值，需要经过治理，达标后方可排放"。

💡 想一想

1. 什么是质量保证？什么是质量控制？两者的联系是什么？
2. 实验室内质量控制与实验室间质量控制的区别是什么？
3. 如何评价环境监测数据的准确性？

任务三　环境监测的质量保证

💡 任务要求

1. 认识环境监测的质量保证和质量控制。
2. 了解质量标准的相关内容。

一、质量保证和质量控制

1. 质量保证

质量保证是对整个环境监测过程的全面质量管理，它包含了保证环境监测结果正确可靠的全部活动和措施。质量保证的作用在于将监测数据的误差控制在允许范围内，使其质量满足代表性、完整性、精密性、准确性和可比性的要求。其目的是避免错误的监测数据造成环境保护的失误。

质量保证应贯穿于环境监测的全过程，保证监测数据和信息的代表性、准确性、精密性、可比性、完整性、科学性。

2. 质量控制

质量控制是指通过配套实施各种质量控制技术和管理规程而达到保证各个监测环节（布点、采样、分析方法、分析过程等）工作质量的目的。环境监测质量控制分内部质量控制和外部质量控制。

内部质量控制包括空白试验、校准曲线核查、仪器设备定期标定、平行样分析、加标样分析等。在内部质量控制中，使用控制图最为方便。运用控制图的基本依据是：一个确定的分析测量系统重复分析一个均匀稳定试样所获得的结果服从或近似服从正态分布。控制图一般采用直角坐标系。横坐标表示分析时间或结果顺序；纵坐标表示作为分析质量指标进行控制的统计量；中心线是统计量的平均值；上、下控制限之间表示结果的可接受范围，也是采取行动的标准。在分析工作中，当分析结果超出控制限时，表明分析误差超过允许范围，这时就要停止试验，寻找原因并加以纠正，直至恢复到受控制状态为止。在每批样品要做一个已知的控制样，同时做该批分析样品总数 15％～20％的双样。

外部质量控制一般由常规监测外的有经验的人员来执行，以便对数据质量进行独立的评价。可以采用的手段有：分析测量系统性能的现场评价，分发标准物样品进行实验室间比较，分析方法比较，分析人员之间的比较等。根据分析结果与标准值的符合程度来判断数据的可靠性。

我国为保证环境监测过程中的质量控制，根据不同的监测任务制订了相应的质控措施。

（1）验收监测　监督企业生产工况，现场监测仪器设备质控措施，废气有组织排放和无组织排放监测质控措施，空气监测质控措施，地表水、地下水和废水监测质控措施，噪声与振动监测质控措施。

（2）监督性监测

① 废气：现场加采双样分析、标准样品分析，必要时做加标回收试验。

② 废水：一般 100％平行样分析，在废水中分布不均匀的污染物加采现场双样分析进行自控，主要污染物标准样品分析和加标回收试验。

（3）环评现状监测　环境空气：采集现场双样分析进行自控、标准样品分析，必要时做加标回收试验。

（4）空气自动监测

① 每2年作仪器检定，每年作期间核查。

② 每天零点校准、每周单点标气校准、每半年至少作1次标气多点校准、每季度流量校准，开放光程监测分析仪器，每季度应至少进行1次单点检查（等效浓度），每年至少进行1次多点校准（等效浓度），可吸入颗粒物监测仪器每周用标准膜校准1次。

③ 每年至少清洗管路1次，每月清洗采样头，开放光程每半年至少清洗发射/接收端前窗玻璃1次。

④ 有效小时值：可吸入颗粒物采样时间应不少于50min，其他能连续监测的气态污染物应为60min；有效日均值：日均值以连续24个有效小时值计算。

⑤ 每周巡检监测子站。

（5）水质自动监测

① 每2年作仪器检定，每年作期间核查。

② 每月至少清洗1次取水管路、测量池、沉淀池、溢流杯、过滤芯、配水管路，每周清洗测量电极或探头。

③ 在枯水期、平水期和丰水期分别进行化学需氧量换算系数的试验，根据试验结果计算总有机碳与化学需氧量的换算系数，转换系数的更改需经省站批准。

④ 每周对pH值、溶解氧、高锰酸盐指数、氨氮、总有机碳监测仪器作1次标准溶液核查，每月对电导率仪、浊度仪和重金属、总磷、总氮监测仪器进行1次标准溶液核查。每半年对监测仪器进行1次3～5个浓度点的多点校准。定期进行化学需氧量、氨氮的国家标准分析方法与自动监测的比对试验。每月对水温、pH值、溶解氧、电导率、浊度、

高锰酸盐指数进行 1 次比对试验，每 2 个月对重金属、总磷、总氮监测仪器进行 1 次比对试验。

⑤ 定期进行仪器精密度和准确度试验。

⑥ 瞬时值有效性：每天等时间间隔测定 6 次；日平均值有效性：正常情况下应为 6 次瞬时值的算术平均值（pH 值除外）。

⑦ 每周巡检监测子站。

（6）来样分析　做 10％的平行分析，必要时可做样品加标测定和标准样品分析。

（7）质控考核与同步监测　一般情况下做 100％的平行样品测定、样品加标测定、标准样品分析。

（8）应急监测　现场监测以速度为主，但也需要质量控制、重复测定，分析标准样品；样品采集后送实验室分析，按照实验室样品分析的质量控制措施执行。

二、监测实验室的质量保证

实验室内质量控制包括实验室的基础工作（方法的选择、试剂和试验用水的纯化、容器和量器的校准、仪器设备的检定等）、空白试验、检出限的测量、校准曲线的绘制、平行样和加标样的分析、绘制质量控制图等。目的在于提高分析测试的质量，保证基本数据的正确可靠。

实验室间质量控制是由常规监测之外有经验的技术人员执行，对某些实验室的监测分析质量进行评价工作，常实施于诸多部门或众多实验室之间的协作试验中。既可以通过分析统一样品来实现，也可以用对分析测量系统的现场评价方式进行。它能提高分析结果的总体可信度，加强实验室间数据的可比性，使数据具有较高的一致性。

三、数据处理的质量保证

环境监测是一个全过程，包括现场调查、监测计划设计、优化布点、样品采集、运送保存、分析测试、数据处理、综合评价。监测数据是环境监测的基本产品，整个监测过程要保证产品的质量。环境监测数据质量是环境监测权威性、严肃性的根本保证和前置条件，是环境决策科学化的内在要求。

环境监测数据评价主要包括准确度评价和精密度评价。

1. 准确度评价

（1）标准物质分析　通过分析标准物质，由所得结果评价分析方法的准确度。

（2）回收率测定　通过在样品中加入一定量标准物质，测加标回收率以评价分析方法的准确度。

（3）不同方法的比较　用不同的分析方法对同一样品进行重复测定时，看所得的结果是否一致，或经统计检验表明其差异是否显著来评价分析方法的准确度。

2. 精密度评价

（1）平行性　在相同的条件下（实验室、分析人员、分析方法、仪器设备、时间相同），对同一样品进行双份平行样测定，通过结果之间的符合程度来评价方法的精密度。

（2）重复性　在同一实验室内，用同一分析方法，当分析人员、仪器设备、分析时间中的任一项不相同时，对同一样品进行两次或多次测定，通过所得结果之间的符合程度来评价分析方法的精密度。

（3）再现性　用相同的分析方法对同一样品在不同的条件下所得的单个测定结果之间的一致程度来评价分析方法的精密度。

我国环境保护部办公厅于 2015 年 12 月 29 日颁布了《环境监测数据弄虚作假行为判定及处理办法》，对环境监测数据弄虚作假的行为进行依法查处。

项目小结

1. 环境监测是运用现代科学技术方法，以间断或连续的形式定量地测定环境因子及其他有害于人体健康的环境污染物的浓度变化，观察并分析其环境影响过程与程度的科学活动。环境监测是一个全过程，包括现场调查、监测计划设计、优化布点、样品采集、运送保存、分析测试、数据处理、综合评价。

2. 从监测环境要素来看，环境监测包括水质监测（各种环境水和废水的监测技术）、大气监测（包括环境空气和废气的监测技术）、土壤与固体废弃物监测、生物监测、生态监测、物理污染监测等。按照监测目的又可以分为监视性监测（例行监测或常规监测）、特定目的监测（包括污染事故监测、仲裁监测、考核验证监测、咨询服务监测）以及研究性监测（科研监测）。

3. 环境监测遵循优先监测原则，既不可能一一监测，也不必要一一监测。经过优先选择的污染物称为优先污染物。

4. 早期环境监测以化学分析为主，随着环境污染的发展特点，环境监测从单一的环境分析发展到物理监测、生物监测、遥感卫星监测，从间断性监测逐步过渡到自动连续监测。监测范围从一个断面发展到一个城市、一个区域、整个国家乃至全球。环境监测已发展成了一门多学科、多种分析方法结合的技术，包括传统化学分析、仪器分析、生物监测以及自动化监测。

5. 环境标准在我国分为六类两级。六类环境标准为：环境质量标准、污染物控制标准（或称污染物排放标准）、环境基础标准、环境方法标准、环境标准物质和环保仪器设备标准。两级是指国家级环境标准和地方环境标准。其中，能制定地方标准的只有污染物控制标准和环境质量标准，但对制定内容和制定单位有严格的规定。国家标准是地方标准制定的依据，地方标准是国家标准的补充，它们共同构成了完整的环境标准体系。

6. 质量保证是对整个环境监测过程的全面质量管理，它包含了保证环境监测结果正确可靠的全部活动和措施。质量控制是指通过配套实施各种质量控制技术和管理规程而达到保证各个监测环节（布点、采样、分析方法、分析过程等）工作质量的目的。环境监测质量控制分内部质量控制和外部质量控制。内部质量控制包括空白试验、校准曲线核查、仪器设备定期标定、平行样分析、加标样分析等。外部质量控制手段有分析测量系统性能的现场评价，分发标准物样品进行实验室间比较、分析方法比较、分析人员之间的比较等。我国为保证环境监测过程中的质量控制，根据不同的监测任务制订了相应的质控措施。

7. 监测数据是环境监测的基本产品，环境监测数据评价主要包括准确度评价和精密度评价。准确度评价包括标准物质分析、回收率测定及不同方法的比较，精密度评价包括平行性、重复性和再现性等方面的要求。

练一练测一测

一、填空题

1. 可以从不同的角度对环境监测进行分类，根据监测目的的不同，环境监测包括_____、_____和_____。

2. 我国的环境标准体系可以简称为_____级_____类，其中地方可以制定的标准只有_____和_____两类。而数量最多的是_____标准。

二、选择题

1. 下述名词中属于特定环境监测的是（　　）。

A. 污染事故监测   B. 仲裁监测

C. 考核监测   D. 新建企业周围环境现状监测

2. 环境监测的特点有 ( )。

A. 综合性   B. 连续性   C. 追踪性   D. 代表性

3. 各种污染物对人类和其他生物的影响包括 ( )。

A. 单独作用   B. 拮抗作用   C. 相加作用   D. 相乘作用

4. 环境标准的目的是 ( )。

A. 保护人群健康,防止污染   B. 促进生态良性循环和合理利用资源

C. 促进经济发展   D. 遏制经济的发展以保护环境

5. 下列关于环境标准的说法,正确的有 ( )。

A. 环境标准的制定要兼顾技术和经济的因素

B. 环境标准越严格越好

C. 环境质量基准应不加修改地作为环境标准值

D. 环境标准具有强制性

项目二
水与废水监测

 项目引导

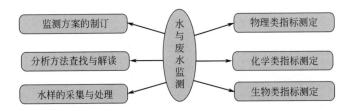

水作为一种宝贵的资源，人们利用它不仅有量的需求，而且有质的限制。然而，随着工业的发展、城市的扩大，各种工业废水、生活污水、农业灌溉弃水及其他废弃物排入水体，致使江、河、湖、水库以及地下水等受到污染，引起水质恶化。水质监测以充分合理地保护、利用和改善水资源，使其不受或少受污染为目标，以地表水（江河、湖泊、海洋、水库等）、地下水和工业废水、生活污水为监测工作的对象，检测水的质量是否符合国家规定的相应水环境质量标准，为控制水环境污染、保护水资源提供科学依据，以利于人类健康。

想一想

1. 我们所在校园内的地表水环境有哪些？
2. 实验室废水的收集情况如何？污染指标有哪些？

任务一　阅读监测任务单

任务要求

1. 认识监测对象。
2. 了解监测任务。

本项目涉及的监测任务单见表 2-1，各小组根据自己的意愿选择对应的监测任务，要求在规定学时内完成所有指标的测定。

表 2-1 项目二监测任务单

编号	监测对象	监测指标
任务单一	校园景观湖	pH、水温、SS、氨氮、COD、BOD、总磷、高锰酸盐指数等水质指标
任务单二	某河段	pH、水温、色度、SS、氨氮、六价铬、高锰酸盐指数、COD、BOD、总磷等水质指标
任务单三	校园生活污水	pH、水温、SS、氨氮、挥发酚、COD、BOD、总磷等水质指标
任务单四	实验室有机废水	pH、水温、氨氮、COD、BOD、总氮、总磷、挥发酚等水质指标
任务单五	实验室无机废水	pH、水温、色度、SS、氨氮、六价铬、COD、总铬等水质指标
说明	建议完成时间 50 学时，各院校在使用本教材时，可以根据实际情况进行项目的设计。任务监测指标可多可少，灵活安排，关键是让学生熟悉监测的过程，在真实的职业氛围中进行技能训练，在训练中学习知识	

💡 **想一想**

1. 环境监测所指水体的分类有哪些？
2. 水体污染的主要类型有哪些？
3. 水体监测的物理指标有哪些？
4. 水体监测的无机物指标有哪些？
5. 水体监测的有机物指标有哪些？
6. 水监测需要现场监测的指标有哪些？
7. 废水的监测指标有哪些？

任务二　解读监测指标，制订工作计划

❗ **任务要求**

1. 认识水体污染的类型。
2. 了解水和废水监测的项目和方法。

要求各组长在组内将本次项目涉及的任务在组内进行分解，各成员将个人分配到的任务填入表 2-2。

表 2-2 个人工作任务分配表

小组任务		
任务内容	合作者	注意事项

一、水体污染及污染类型

水体污染是指人类活动排放的污染物进入水体，其数量超过了水体的自净能力，使水的理化特性和水环境中的生物特性、组成等发生改变，从而影响水的使用价值，造成水质恶化，乃至危害人体健康或破坏生态环境的现象。

根据水体污染物质的特点及造成的危害，水体污染类型有以下几个方面。

1. 水体感官性污染

天然水体是无色透明的，受污染可使水色发生变化，从而影响感官。如印染废水污染往往使水色变红，炼油废水污染可使水色发黑褐色等。水色变化，不仅影响感官，破坏风景，还很难处理。除此之外，污染还会引起水体浊度变化、产生臭味，有的生活污水表面会形成泡沫。

2. 水体有机污染

主要是指由城市污水、食品工业和造纸工业等排放含有大量有机物的废水所造成的污染。这些污染物在水中进行生物氧化分解的过程中，需消耗大量溶解氧，一旦水体中氧气供应不足，会使氧化作用停止，引起有机物的厌氧发酵，散发出恶臭，污染环境，毒害水生生物。

3. 水体无机污染

指酸、碱和无机盐类对水体的污染。首先是使水的 pH 值发生变化，破坏其自然缓冲作用，抑制微生物生长，阻碍水体自净作用。同时，还会增加水中无机盐类和水的硬度，给工业和生活用水带来不利影响。

4. 水体有毒物质污染

各类有毒物质进入水体后，在高浓度时，会造成水中生物死亡；在低浓度时，可在生物体内富集，并通过食物链逐级浓缩，最后影响到人体。

5. 水体富营养化污染

含植物营养物质的废水进入水体会造成水体富营养化，使藻类大量繁殖，并大量消耗水中的溶解氧，从而导致鱼类等窒息和死亡。

6. 水体油污染

沿海及河口石油的开发、油轮运输、炼油工业废水的排放等造成水体的油污染，当油在水面形成油膜后，影响氧气进入水体，对生物造成危害。此外，油污染还破坏海滩休养地、风景区的景观，影响鸟类的生存。

7. 水体热污染

热电厂的冷却水是热污染的主要来源。这种废水直接排入天然水体，可引起水温升高，造成水中溶解氧减少，还会使水中某些毒物的毒性升高。水温升高对鱼类的影响最大，可引起鱼类的种群改变与死亡。

8. 水体病原微生物污染

生活污水、医院污水以及屠宰肉类加工等污水，含有各类病毒、细菌、寄生虫等病原微生物，流入水体会传播各种疾病。

9. 水体放射性污染

是指放射性物质进入水体而造成的污染。放射性物质主要来自核反应废弃物。放射性污染会导致生物畸变、破坏生物的基因结构及致癌等。核物质半衰期很长，无法处理。

二、监测项目及分析方法选择

1. 监测项目

（1）地表水的监测项目　地表水的监测项目见表 2-3。潮汐河流必测项目增加氯化物；饮用水保护区或饮用水源的江河除监测常规项目外，必须注意剧毒和"三致"有毒化学品的监测。

（2）污废水的监测项目　我国根据各工业行业生产特点，对排放污废水的必测项目作出了相关规定，选测项目可参照选择。具体见表 2-4。

表 2-3 地表水监测项目[①]

对象	必测项目	选测项目
河流	水温、pH、溶解氧、高锰酸盐指数、化学需氧量、BOD$_5$、氨氮、总氮、总磷、铜、锌、氟化物、硒、砷、汞、镉、铬(六价)、铅、氰化物、挥发酚、石油类、阴离子表面活性剂、硫化物和粪大肠菌群	总有机碳、甲基汞,其他项目参照工业废水监测项目,根据纳污情况由各级相关环境保护主管部门确定
集中式饮用水源地	水温、pH、溶解氧、悬浮物[②]、高锰酸盐指数、化学需氧量、BOD$_5$、氨氮、总磷、总氮、铜、锌、氟化物、铁、锰、硒、砷、汞、镉、铬(六价)、铅、氰化物、挥发酚、石油类、阴离子表面活性剂、硫化物、硫酸盐、氯化物、硝酸盐和粪大肠菌群	三氯甲烷、四氯化碳、三溴甲烷、二氯甲烷、1,2-二氯乙烷、环氧氯丙烷、氯乙烯、1,1-二氯乙烯、1,2-二氯乙烯、三氯乙烯、四氯乙烯、氯丁二烯、六氯丁二烯、苯乙烯、甲醛、乙醛、丙烯醛、三氯乙醛、苯、甲苯、乙苯、二甲苯[③]、异丙苯、氯苯、1,2-二氯苯、1,4-二氯苯、三氯苯[④]、四氯苯[⑤]、六氯苯、硝基苯、二硝基苯[⑥]、2,4-二硝基甲苯、2,4,6-三硝基甲苯、硝基氯苯[⑦]、2,4-二硝基氯苯、2,4-二氯苯酚、2,4,6-三氯苯酚、五氯酚、苯胺、联苯胺、丙烯酰胺、丙烯腈、邻苯二甲酸二丁酯、邻苯二甲酸二(2-乙基己基)酯、水合肼、四乙基铅、吡啶、松节油、苦味酸、丁基黄原酸、活性氯、滴滴涕、林丹、环氧七氯、对硫磷、甲基对硫磷、马拉硫磷、乐果、敌敌畏、敌百虫、内吸磷、百菌清、甲萘威、溴氰菊酯、阿特拉津、苯并[a]芘、甲基汞、多氯联苯[⑧]、微囊藻毒素-LR、黄磷、钼、钴、铍、硼、锑、镍、钡、钒、钛、铊
湖泊、水库	水温、pH、溶解氧、高锰酸盐指数、化学需氧量、BOD$_5$、氨氮、总磷、总氮、铜、锌、氟化物、硒、砷、汞、镉、铬(六价)、铅、氰化物、挥发酚、石油类、阴离子表面活性剂、硫化物和粪大肠菌群	总有机碳、甲基汞、硝酸盐、亚硝酸盐,其他项目参照工业废水监测项目,根据纳污情况由各级相关环境保护主管部门确定
排污河(渠)	根据纳污情况,参照工业废水监测项目	

① 监测项目中,有的项目监测结果低于检出限,在确认没有新的污染源增加时可减少监测频次。根据各地经济发展情况不同,在有监测能力(配置 GC/MS)的地区每年应监测 1 次选测项目。

② 悬浮物在 5mg/L 以下时,测定浊度。

③ 二甲苯指邻二甲苯、间二甲苯和对二甲苯。

④ 三氯苯指 1,2,3-三氯苯、1,2,4-三氯苯和 1,3,5-三氯苯。

⑤ 四氯苯指 1,2,3,4-四氯苯、1,2,3,5-四氯苯和 1,2,4,5-四氯苯。

⑥ 二硝基苯指邻二硝基苯、间二硝基苯和对二硝基苯。

⑦ 硝基氯苯指邻硝基氯苯、间硝基氯苯和对硝基氯苯。

⑧ 多氯联苯指 PCB-1016、PCB-1221、PCB-1232、PCB-1242、PCB-1248、PCB-1254 和 PCB-1260。

表 2-4 工业废水监测项目[①]

类型	必测项目	选测项目
黑色金属矿山(包括磷铁矿、赤铁矿、锰矿等)	pH、悬浮物、重金属[②]	硫化物、锑、铋、锡、氯化物
钢铁工业(包括选矿、烧结、炼焦、炼铁、炼钢、连铸、轧钢等)	pH、悬浮物、COD、挥发酚、氰化物、油类、六价铬、锌、氨氮	硫化物、氟化物、BOD$_5$、总铬
选矿药剂	COD、BOD$_5$、悬浮物、硫化物、重金属	
有色金属矿山及冶炼(包括选矿、烧结、电解、精炼等)	pH、COD、悬浮物、氰化物、重金属	硫化物、铍、铝、钒、钴、锑、铋
非金属矿物制品业	pH、悬浮物、COD、BOD$_5$、重金属	油类
煤气生产和供应业	pH、悬浮物、COD、BOD$_5$、油类、重金属、挥发酚、硫化物	多环芳烃、苯并[a]芘、挥发性卤代烃

续表

类型		必测项目	选测项目
火力发电（热电）		pH、悬浮物、硫化物、COD	BOD
电力、蒸汽、热水生产和供应业		pH、悬浮物、硫化物、COD、挥发酚、油类	BOD
煤炭采选业		pH、悬浮物、硫化物	砷、油类、汞、挥发酚、COD、BOD
焦化		COD、悬浮物、挥发酚、氨氮、氰化物、油类、苯并[a]芘	总有机碳
石油开采		COD、BOD₅、悬浮物、油类、硫化物、挥发性卤代烃、总有机碳	挥发酚、总铬
石油加工及炼焦业		COD、BOD₅、悬浮物、油类、硫化物、挥发酚、总有机碳、多环芳烃	苯并[a]芘、苯系物、铝、氯化物
化学矿开采	硫铁矿	pH、COD、BOD₅、硫化物、悬浮物、砷	
	磷矿	pH、氟化物、悬浮物、磷酸盐（P）、黄磷、总磷	
	汞矿	pH、悬浮物、汞	硫化物、砷
无机原料	硫酸	酸度（或 pH）、硫化物、重金属、悬浮物	砷、氟化物、氯化物、铝
	氯碱	碱度（或酸度，或 pH）、COD、悬浮物	汞
	铬盐	酸度（或碱度，或 pH）、六价铬、总铬、悬浮物	汞
有机原料		COD、挥发酚、氰化物、悬浮物、总有机碳	苯系物、硝基苯类、总有机碳、有机氯类、邻苯二甲酸酯等
塑料		COD、BOD、油类、总有机碳、硫化物、悬浮物	氯化物、铝
化学纤维		pH、COD、BOD₅、悬浮物、总有机碳、油类、色度	氯化物、铝
橡胶		COD、BOD₅、油类、总有机碳、硫化物、六价铬	苯系物、苯并[a]芘、重金属、邻苯二甲酸酯、氯化物等
医药生产		pH、COD、BOD₅、油类、总有机碳、悬浮物、挥发酚	苯胺类、硝基苯类、氯化物、铝
染料		COD、苯胺类、挥发酚、总有机碳、色度、悬浮物	硝基苯类、硫化物、氯化物
颜料		COD、硫化物、悬浮物、总有机碳、汞、六价铬	色度、重金属
油漆		COD、挥发酚、油类、总有机碳、六价铬、铅	苯系物、硝基苯类
合成洗涤剂		COD、阴离子合成洗涤剂、油类、总磷、黄磷、总有机碳	苯系物、氯化物、铝
合成脂肪酸		pH、COD、悬浮物、总有机碳	油类
聚氯乙烯		pH、COD、BOD₅、总有机碳、悬浮物、硫化物、总汞、氯乙烯	挥发酚
感光材料、广播电影电视业		COD、悬浮物、挥发酚、总有机碳、硫化物、银、氰化物	显影剂及其氧化物
其他有机化工		COD、BOD₅、悬浮物、油类、挥发酚、氰化物、总有机碳	pH、硝基苯类、氯化物
化肥	磷肥	pH、COD、BOD₅、悬浮物、磷酸盐、氟化物、总磷	砷、油类
	氮肥	COD、BOD₅、悬浮物、氨氮、挥发酚、总氮、总磷	砷、铜、氰化物、油类
合成氨工业		pH、COD、悬浮物、氨氮、总有机碳、挥发酚、硫化物、氰化物、石油类、总氮	镍

续表

类型		必测项目	选测项目
农药	有机磷	COD、BOD$_5$、悬浮物、挥发酚、硫化物、有机磷、总磷	总有机碳、油类
	有机氯	COD、BOD$_5$、悬浮物、硫化物、挥发酚、有机氯	总有机碳、油类
除草剂工业		pH、COD、悬浮物、总有机碳、百草枯、阿特拉津、吡啶	除草醚、五氯酚、五氯酚钠、2,4-D、丁草胺、绿麦隆、氯化物、铝、苯、二甲苯、氨、氯甲烷、联吡啶
电镀		pH、碱度、重金属、氰化物	钴、铝、氯化物、油类
烧碱		pH、悬浮物、汞、石棉、活性氯	COD、油类
电气机械及器材制造业		pH、COD、BOD$_5$、悬浮物、油类、重金属	总氮、总磷
普通机械制造		COD、BOD$_5$、悬浮物、油类、重金属	氰化物
电子仪器、仪表		pH、COD、BOD$_5$、氰化物、重金属	氟化物、油类
造纸及纸制品业		酸度（或碱度）、COD、BOD$_5$、可吸附有机卤化物（AOX）、pH、挥发酚、悬浮物、色度、硫化物	木质素、油类
纺织染整业		pH、色度、COD、BOD$_5$、悬浮物、总有机碳、苯胺类、硫化物、六价铬、铜、氨氮	总有机碳、氯化物、油类、二氧化氯
皮革、毛皮、羽绒服及其制品		pH、COD、BOD$_5$、悬浮物、硫化物、总铬、六价铬、油类	总氮、总磷
水泥		pH、悬浮物	油类
油毡		COD、BOD$_5$、悬浮物、油类、挥发酚	硫化物、苯并[a]芘
玻璃、玻璃纤维		COD、BOD$_5$、悬浮物、氰化物、挥发酚、氟化物	铅、油类
陶瓷制造		pH、COD、BOD$_5$、悬浮物、重金属	
石棉（开采与加工）		pH、石棉、悬浮物	挥发酚、油类
木材加工		COD、BOD$_5$、悬浮物、挥发酚、pH、甲醛	硫化物
食品加工		pH、COD、BOD$_5$、悬浮物、氨氮、硝酸盐氮、动植物油	总有机碳、铝、氯化物、挥发酚、铅、锌、油类、总氮、总磷
屠宰及肉类加工		pH、COD、BOD$_5$、悬浮物、动植物油、氨氮、大肠菌群	石油类、细菌总数、总有机碳
饮料制造业		pH、COD、BOD$_5$、悬浮物、氨氮、粪大肠菌群	细菌总数、挥发酚、油类、总氮、总磷
兵器工业	弹药装药	pH、COD、BOD$_5$、悬浮物、梯恩梯（TNT）、地恩锑（DNT）、黑索今（RDX）	硫化物、重金属、硝基苯类、油类
	火工品	pH、COD、BOD$_5$、悬浮物、铅、氰化物、硫氰化物、铁（Ⅰ、Ⅱ）氰络合物	肼和叠氮化物（叠氮化钠生产厂为必测）、油类
	火炸药	pH、COD、BOD$_5$、悬浮物、色度、铅、TNT、DNT、硝酸甘油（NG）、硝酸盐	油类、总有机碳、氨氮
航天推进剂		pH、COD、BOD$_5$、悬浮物、氨氮、氰化物、甲醛、苯胺类、肼、一甲基肼、偏二甲基肼、三乙胺、二乙烯三胺	油类、总氮、总磷
船舶工业		pH、COD、BOD$_5$、悬浮物、油类、氨氮、氰化物、六价铬	总氮、总磷、硝基苯类、挥发性卤代烃
制糖工业		pH、COD、BOD$_5$、色度、油类	硫化物、挥发酚
电池		pH、重金属、悬浮物	酸度、碱度、油类

续表

类型	必测项目	选测项目
发酵和酿造工业	pH、COD、BOD$_5$、悬浮物、色度、总氮、总磷	硫化物、挥发酚、油类、总有机碳
货车洗刷和洗车	pH、COD、BOD$_5$、悬浮物、油类、挥发酚	重金属、总氮、总磷
管道运输业	pH、COD、BOD$_5$、悬浮物、油类、氨氮	总氮、总磷、总有机碳
宾馆、饭店、游乐场所及公共服务业	pH、COD、BOD$_5$、悬浮物、油类、挥发酚、阴离子洗涤剂、氨氮、总氮、总磷	粪大肠菌群、总有机碳、硫化物
绝缘材料	pH、COD、BOD$_5$、挥发酚、悬浮物、油类	甲醛、多环芳烃、总有机碳、挥发性卤代烃
卫生用品制造业	pH、COD、悬浮物、油类、挥发酚、总氮、总磷	总有机碳、氨氮
生活污水	pH、COD、BOD$_5$、悬浮物、氨氮、挥发酚、油类、总氮、总磷、重金属	氯化物
医院污水	pH、COD、BOD$_5$、悬浮物、油类、挥发酚、总氮、总磷、汞、砷、粪大肠菌群、细菌总数	氟化物、氯化物、醛类、总有机碳

① 监测项目中，有的项目监测结果低于检出限，在确认没有新的污染源增加时可减少监测频次。根据各地经济发展情况不同，在有监测能力（配置 GC/MS）的地区每年应监测 1 次选测项目。

② 重金属系指 Hg、Cr、Cu、Pb、Zn、Cd 和 Ni 等，具体监测项目由县级以上环境保护行政主管部门确定。

注：表中所列必测项目、选测项目的增减，由县级以上环境保护行政主管部门认定。

2. 分析方法选择

（1）选择分析方法的原则

① 首先选用国家标准分析方法、统一分析方法或行业标准方法。

② 当实验室不具备使用标准分析方法时，也可采用原国家环境保护局监督管理司环监 [1994] 017 号文和环监 [1995] 号文公布的方法体系。

③ 在某些项目的监测中，尚无"标准"和"统一"分析方法时，可采用 ISO、美国 EPA 和日本 JIS 方法体系等其他等效分析方法，但应经过验证合格，其检出限、准确度和精密度应能达到质控要求。

④ 当规定的分析方法应用于污水、底质和污泥样品分析时，必要时要注意增加消除基体干扰的净化步骤，并进行适用性检验。

（2）分析方法查阅 在日常监测工作中，可以在"中华人民共和国生态环境部"在线查阅最新的监测分析方法。

 查一查

根据分析方法的选择原则，将此次监测指标的分析方法查阅后汇总于表 2-5 中。

表 2-5 监测项目方法汇总表

序号	监测对象	监测项目(指标)	监测方法及来源	选择依据	负责人
1					
2					
3					
4					
5					
6					
⋮					

 想一想

1. 为什么要进行现场勘查？

2. 勘查现场需要注意哪些问题？

3. 勘查现场需要收集什么资料？

任务三　勘查现场

⚠️ 任务要求

了解勘查现场的主要内容。

勘查现场指在未正式开始采样监测之前对监测对象进行实地了解收集相关资料，以便制定合理的监测方案，一般在开展新项目的监测时需要。以地表水监测为例，勘查现场调查收集的主要内容有：

① 水体分布区的地质、水文和气象资料，主要包括水位、水量、流速及流向的变化、降雨量、蒸发量及历史上的水情。

② 水体沿岸城市分布、工业布局、污染源及其排污情况、城市给排水情况等。

③ 水体沿岸的资源现状和水资源的用途，饮用水源分布和重点水源保护区，水体流域土地功能及近期使用计划等。水体沿岸周围资源（含森林、矿产、土壤、耕地、水资源等）现状，特别是植被破坏情况应详细了解；水体功能区划情况，各类用水功能区的分布，特别是饮用水源分布和重点水源保护区。

④ 野外调查交通情况，河宽、水深、河床结构、河床比降、河岸标志等，对湖泊还要了解生物、沉积物特点、间温层分布、容积、平均深度，作等深线图，了解水的更新时间等。

⑤ 历年的水质资料等。

💡 想一想

1. 如何做到"弱水三千，只取一瓢"的取样代表性？

2. 污废水的监测采样点是如何规定的？

3. 地表水布点的基本步骤是什么？

任务四　绘制水与废水监测采样点位布设图

⚠️ 任务要求

1. 了解地表水监测断面和采样点的设置方法。

2. 了解工业废水监测采样点的设置方法。

一、地表水监测断面和采样点的设置

地表水采样点的设置一般按照"面—线—点"三步法的方式确定，即要合理地设置采样点，必须根据两岸情况设置合理的监测断面，根据监测断面的宽度布设采样垂线，最后按照水体深度设置采样点。

1. 河流监测断面设置

对于江河水系或某一个河段，水系两岸的城市、工厂企业排放的生活污水和工业废水是该水系受纳污染物的主要来源，因此，要求设置四种断面，即背景断面、对照断面、控制断面和消减断面。图 2-1 是一个综合性的河段断面设置和布点示意图。

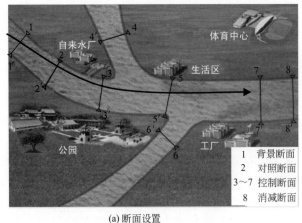
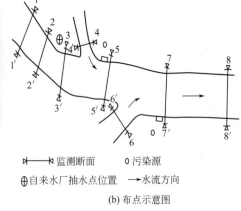

(a) 断面设置   (b) 布点示意图

图 2-1　河段采样断面设置及布点示意图

（1）背景断面　背景断面是指为评价某一完整水系的污染程度时，未受人类生活和生产活动影响，能够提供水环境背景值的断面。

背景断面的具体位置应按如下原则确定：①远离工业区、城市居民区和主要交通干线，原则上应设在水系源头处或未受污染的上游河段；②尽可能远离化肥和农药施放区；③尽可能设在水文条件比较稳定和河段平直的地段；④设在水土流失严重的上游河段；⑤对于区域水文地球化学异常的河段，应在该区的上、下游分别设置断面；⑥既要避开主要交通干线，又要考虑交通必须方便，所以一般在交通线上游不远处布设。

（2）对照断面　对照断面是指具体判断某一区域水环境污染程度时，位于该区域所有污染源上游处，能够提供这一区域水环境背景值的断面。

（3）入境断面　入境断面用来反映水系进入某一行政区域时的水质状况，应设置在水系进入本区域尚未受到本区域污染源影响处。

（4）控制断面　控制断面是为了解水环境受污染程度及变化情况的断面。一般应设在排污区（口）的下游 500～1000m 处，即污水与河水基本混合均匀处。控制断面的数量、控制断面与排污区（口）的距离可由以下因素决定：主要污染源的数量及其间的距离、各污染源的实际情况、主要污染物的迁移转化规律和其他水文特征。此外，还应考虑对纳污量的控制程度，即由各控制断面所控制的纳污量不应小于该河段总纳污量的 80%，控制断面的布设还要结合调查范围内的环境特征，如调查范围内的重点保护水域、重点保护对象、重点水域构筑物、水文站和其他污水排入处等，都应增加布设监测断面。同时也应考虑到城镇近期和远期的规划。

（5）消减断面　消减断面是指工业废水或污水在水体内流经一定距离而达到（河段范围）最大程度混合，污染物受到稀释、降解，其主要污染物浓度有明显降低的断面。它主要反映河流对污染物稀释净化的情况，应设置在控制断面下游主要污染物浓度显著下降处。

消减断面的位置可通过扩散模式计算结果确定。但是，由于河水与废水（或污水）的充分混合常常延伸到几十千米远处，而那些水流速度大的河段还将更远。因而，对于有边界、有属辖的河段，只按计算结果设置消减断面往往不具实际意义。为此，确定消减断面的位置还应考虑具体条件，一般可设在本辖区间段的废水和污水最大程度混合和稀释处。对于一个区域，可延伸至边界水域处，当然以充分混合处为最佳；对于水量小的河流，可根据具体情况确定，通常设在城市或工业区最后一个排污口下游 1500m 以外的河段上。

（6）出境断面　出境断面用来反映进入下一行政区域前的水质情况，因此应设置在本区域最后的污水排放口下游，污水与河水已基本混匀，并尽可能靠近水系出境处，如果在此行政区域内河流有足够的长度，则应设上述消减断面。

2. 湖泊、水库监测断面设置

湖泊、水库一般情况下只设监测垂线，如有特殊情况可参照河流的有关规定布设监测断面。设置监测断面时应考虑汇入湖泊、水库的河流数量、流量、主流向及季节变化，水体性质（单一或复杂）；水体动态及水文地质条件等；岸边污染源分布和对湖泊、水库水质的影响，污染物扩散和水体自净情况；湖泊、水库内有无水生植物——源水植物、挺水植物、沉水植物；鱼类繁衍场所和分层状态等生态特点。然后按以下原则设置监测断面。

① 在考虑其特殊性前提下，断面位置一般按不同水体类型，进水区、出水区、深水区、浅水区、湖心区、岸边区设监测断面；

② 受污染影响较大的重要湖泊、水库，应在污染物扩散途径上设监测断面；

③ 渔业作业区、水生生物经济区等应布设监测断面；

④ 以湖、库的各功能区为中心，在其辐射线上布置弧形监测断面；

⑤ 湖（库）区若无明显功能区别，可用网格法均匀设置监测垂线；

⑥ 监测垂线上采样点的布设一般与河流的规定相同，但在有可能出现温度分层现象时，应做水温、溶解氧的探索性试验后再定；

⑦ 受污染物影响较大的重要湖泊、水库，应在污染物主要输送路线上设置控制断面。

湖（库）采样断面设置如图 2-2 所示。

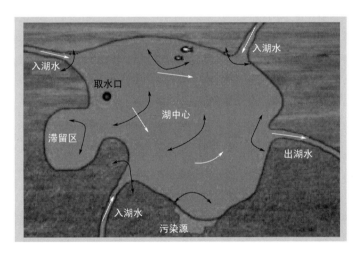

图 2-2　湖（库）采样断面设置示意图

3. 地表水采样点的设置

在一个监测断面上设置的采样垂线数与各垂线上的采样点数应符合表 2-6 和表 2-7，湖（库）监测垂线上的采样点的布设应符合表 2-8。

表 2-6　采样垂线的设置

水面宽	垂线数	说　明
≤50m	一条（中泓）	1. 垂线布设应避开污染带，要测污染带应另加垂线。
50～100m	两条（近左、右岸有明显水流处）	2. 确能证明该断面水质均匀时，可仅设中泓垂线。
>100m	三条（左、中、右）	3. 凡在该断面要计算污染物通量时，必须按本表设置垂线

表 2-7　采样垂线上的采样点数的设置

水深	采样点数	说　明
≤5m	上层一点	1. 上层指水面下 0.5m 处,水深不到 0.5m 时,在水深 1/2 处。 2. 下层指河底以上 0.5m 处。 3. 中层指 1/2 水深处。 4. 封冻时在冰下 0.5m 处采样,水深不到 0.5m 处时,在水深 1/2 处采样。 5. 凡在该断面要计算污染物通量时,必须按本表设置采样点
5～10m	上、下层两点	
>10m	上、中、下三层三点	

表 2-8　湖（库）监测垂线采样点的设置

水深	分层情况	采样点数	说　明
≤5m		一点(水面下 0.5m 处)	1. 分层是指湖水温度分层状况。 2. 水深不足 1m,在 1/2 水深处设置测点。 3. 有充分数据证实垂线水质均匀时,可酌情减少测点。
5～10m	不分层	两点(水面下 0.5m,水底上 0.5m 处)	
5～10m	分层	三点(水面下 0.5m,1/2 斜温层,水底上 0.5m 处)	
>10m		除水面下 0.5m,水底上 0.5m 处外,按每一斜温分层 1/2 处设置	

二、工业废水采样点的布设方法

1. 布设原则

（1）第一类污染物　指能在环境或动植物体内蓄积对人体健康产生长远不良影响的污染物, 共 13 种：总汞, 烷基汞, 总镉, 总铬, 六价铬, 总砷, 总铅, 总镍, 苯并 [a] 芘, 总铍, 总银, 总 α 放射性, 总 β 放射性。

采样点位一律设在车间或车间处理设施的排放口或专门处理此类污染物设施的排放口。

（2）第二类污染物　长远影响小于第一类污染物, 如 pH 值、色度、悬浮物、化学需氧量、石油类、挥发酚、总氰化物、硫化物、氨氮等。

采样点位一律设在排污单位的外排口。

（3）进入集中式污水处理厂和进入城市污水管网的污水采样点位　应根据地方环境保护行政主管部门的要求确定。

（4）污水处理设施效率监测采样点的布设

① 对整体污水处理设施效率监测时, 在各进入污水处理设施污水的入口和污水设施的总排放口设置采样点。

② 对各污水处理单元效率监测时, 在各进入处理设施单元污水的入口和设施单元的排放口设置采样点。

2. 采样点位的登记

监测机构必须在全面掌握与污染源污水排放有关的工艺流程、污水类型、排放规律、污水管网走向等情况的基础上确定采样点位。排污单位须向地方环境监测站提供废水监测基本信息登记表（见表 2-9）。由地方环境监测站核实后确定采样点位。

3. 采样点位的管理

（1）采样点位应设置明显标志。采样点位一经确定, 不得随意改动。应执行 GB 15562.1—1995 标准。

（2）经设置的采样点应建立采样点管理档案, 内容包括采样点性质、名称、位置和编号, 采样点测流装置, 排污规律和排污去向, 采样频次及污染因子等。

（3）采样点位的日常管理：经确认的采样点是法定排污监测点, 如因生产工艺或其他原因需变更时, 由当地环境保护行政主管部门和环境监测站重新确认。排污单位必须经常进行排污口的清障、疏通工作。

表 2-9 废水监测基本信息登记表

污染源名称：		行业类型：	
联系地址：		主要产品：	

(1)总用水量(m³/a)：　　　　新鲜水量(m³/a)：　　　　回用水量(m³/a)： 　　其中:生产用水(m³/a)：　　生活用水(m³/a)： 　　水平衡图(另附图)
(2)主要原辅材料： 　　生产工艺： 　　排污情况：
(3)厂区平面布置图及排水管网布置图(另附图)
(4)废水处理设施情况 　　设计处理量(m³/a)：　　　　实际处理量(m³/a)：　　　　年运行小时数(h/a)： 　　废水处理基本工艺方框图(另附图) 　　废水性质：　　　　　　　　排放规律：　　　　　　　　排放去向：

废水处理设施处理效果			
污染因子	原始废水/(mg/L)	处理后出水/(mg/L)	去除率/%

💡 想一想

1. 为什么要进行标准解读？
2. 如何进行标准解读？

任务五 解读标准

任务要求

了解标准解读的要点。

以《水质 化学需氧量的测定 重铬酸盐法》（HJ 828—2017）标准为例，解读标准时可参考以下步骤：

① 了解标准制定及实施时间，以便明确标准的适用性。

> 本标准由环境保护部环境监测司、科技标准司组织制订。
> 本标准主要起草单位：中国环境监测总站。
> 参加本标准验证的单位有：湖南省环境监测中心站、江西省环境监测中心站、沈阳市环境监测中心、天津市环境监测中心、云南省环境监测中心站、安徽省环境监测中心站和扬州市环境监测中心站。
>
> > 本标准环境保护部 2017 年 3 月 30 日批准。
> > 本标准自 2017 年 5 月 1 日起实施。
>
> 本标准由环境保护部解释。

② 了解标准的适用范围及检出限。

1. 适用范围

本标准规定了测定水中化学需氧量的重铬酸盐法。

本标准适用于地表水、生活污水和工业废水中化学需氧量的测定。本标准不适用于含氯化物浓度大于 1000mg/L（稀释后）的水中化学需氧量的测定。　　　适用范围

当取样体积为 10.0mL 时，本方法的检出限为 4mg/L，测定下限为 16mg/L。未经稀释的水样测定上限为 700mg/L，超过此限时须稀释后测定。　　　检出限范围

③ 明确方法原理。

在水样中加入已知量的重铬酸钾溶液，并在强酸介质下以银盐作催化剂，经沸腾回流后，以试亚铁灵为指示剂，用硫酸亚铁铵滴定水样中未被还原的重铬酸钾，由消耗的重铬酸钾的量计算出消耗氧的质量浓度。

④ 了解存在的干扰及消除方式。

本方法的主要干扰物为氯化物，可加入硫酸汞溶液去除。经回流后，氯离子可与硫酸汞结合成可溶性的氯汞配合物。硫酸汞溶液的用量可根据水样中氯离子的含量，按质量比 $m[HgSO_4]:m[Cl^-] \geqslant 20:1$ 的比例加入，最大加入量为 2mL（按照氯离子最大允许浓度 1000mg/L 计）。水样中氯离子的含量可采用 GB 11896 或本标准附录 A 进行测定或粗略判定，也可测定电导率后按照 HJ 506 附录 A 进行换算，或参照 GB 17378.4 测定盐度后进行换算。

⑤ 明确试剂配制方式，计算试剂用量。

如：6.8（1+9）硫酸即浓硫酸与蒸馏水的体积比为 1：9，配 100mL 此溶液需要将 10mL 的浓硫酸缓慢倒入 90mL 的蒸馏水中。

计算此溶液需要配制的用量，则需要往后阅读标准，会发现：

称取 10g 硫酸汞（6.4），溶于 100mL 硫酸溶液（6.8）中，混匀。

因此，6.8（1+9）硫酸用于硫酸汞溶液的配制，则按相同的方式计算出硫酸汞需要的用量，即可算出该溶液需要的用量（注：溶液配制量可根据实际情况增减，但配制浓度及配制比例不能更改，否则影响试验测定结果）。

将选定任务中涉及的指标试剂配制量计算结果填入表 2-10 中。

表 2-10　试剂配制记录表

测定指标	溶液名称	药品名称	药品是否需特殊处理（如干燥等）	配制量/mL	配制浓度	原始药品需要量	是否配制

⑥ 了解试验仪器设备。

⑦ 解析分析步骤。

对选定任务中涉及的指标分析步骤进行解读，填入表 2-11 中。

表 2-11 指标方法标准解读记录表

指标名称	选用方法名称	试验注意事项	主要所需仪器	预处理方式及选用记录		
				主要预处理方式	适用范围或适用要求	是否需要采用

⑧ 结果计算及表示方式。

10.1 结果计算

按公式（1）计算样品中化学需氧量的质量浓度 ρ（mg/L）。

$$\rho = \frac{C \times (V_0 - V_1) \times 8000}{V_2} \times f \quad\cdots\cdots\cdots\cdots\cdots\cdots\cdots\cdots (1)$$

式中 C——硫酸亚铁铵标准溶液的浓度，mol/L；

V_0——空白试验所消耗的硫酸亚铁铵标准溶液的体积，mL；

V_1——水样测定所消耗的硫酸亚铁铵标准溶液的体积，mL；

V_2——加热回流时所取水样的体积，mL；

f——样品稀释倍数；

8000——$\frac{1}{4}O_2$ 的摩尔质量以 mg/L 为单位的换算值。

10.2 结果表示

当 COD_{Cr} 测定结果小于 100mg/L 时，保留至整数位；当测定结果大于或等于 100mg/L 时，保留三位有效数字。

想一想

1. 水样的类型有哪些？

2. 采样前需要做哪些准备工作？

3. 我国对地表水和污废水的采集时间和频率的规定有哪些？

4. 采集不同的指标对所用的采样容器有没有要求？

任务六 确定采样方法，准备采样仪器

任务要求

1. 认识水样的类型。

2. 了解水样采样时间和采样频率确定的方法。

3. 能确定水样采集方法和采样仪器。

一、水样的类型

1. 瞬时水样

瞬时水样是指在某一时间和地点从水体中随机采集的分散水样。当水体的组成在相当长的时间和相当大的空间内变化不大，也就是说水样的组成比较稳定时，瞬时水样具有较好的代表性。当水样的组成随时间发生变化时，则要在适当时间间隔内进行瞬时采样，分别进行分析，测出水质的变化程度、频率和周期；当水体的组成发生空间变化时，就要在各相应的部位采样。

2. 综合水样

把从不同采样点同时采集的各个瞬时水样混合起来所得到的样品称作综合水样。综合水样是获得平均含量的重要方式，有时需要把代表断面上的各点，或几个污水排放口的污水，按相对比例流量混合，得到其平均含量。

对于建造区域污水处理厂，综合水样能提供更为有用的资料。

3. 平均污水样

对于周期性生产的企业，应根据排污情况进行周期性的采样。通常应在一个或几个生产或排放周期内，按一定的时间间隔分别采样。对于性质稳定的污染物，可对分别采集的样品进行混合后一次测定；对于性质不稳定的污染物，可在分别采样、分别测定后取平均值。

在污水排放流量不稳定的情况下，可将一个排污口不同时间的污水样，依照流量的大小，按比例混合，称为平均比例混合水样。

4. 混合水样

所谓混合水样，是指在同一采样点上于不同时间所采集的瞬时样的混合样，又称"时间混合水样"。

二、采样时间和采样频率的确定

1. 地表水采样时间和采样频率的确定

（1）确定原则　依据不同的水体功能、水文要素和污染源、污染物排放等实际情况，力求以最低的采样频次，取得最有时间代表性的样品，既要满足能反映水质状况的要求，又要切实可行。

（2）相关规定　按照国家《地表水和污水监测技术规范》（HJ/T 91—2002）中的相关要求，我国对地表水的采样时间和采样频率的规定如下。

① 饮用水源地、省（自治区、直辖市）交界断面中需要重点控制的监测断面每月至少采样1次。

② 国控水系、河流、湖、库上的监测断面，逢单月采样1次，全年6次。

③ 水系的背景断面每年采样1次。

④ 受潮汐影响的监测断面的采样，分别在大潮期和小潮期进行。每次采集涨、退潮水样分别测定。涨潮水样应在断面处水面涨平时采样，退潮水样应在水面退平时采样。

⑤ 如某必测项目连续三年均未检出，且在断面附近确定无新增排放源，而现有污染源排污量未增的情况下，每年可采样1次进行测定。一旦检出，或在断面附近有新的排放源，或现有污染源有新增排污量时，即恢复正常采样。

⑥ 国控监测断面（或垂线）每月采样1次，在每月5~10日进行采样。

⑦ 遇有特殊自然情况，或发生污染事故时，要随时增加采样频次。

⑧ 在流域污染源限期治理、限期达标排放的计划中和流域受纳污染物的总量削减规划中，为此所进行的同步监测，按流域监测执行。

⑨ 为配合局部水流域的河道整治、及时反映整治的效果，应在一定时期内增加采样频次，具体由整治工程所在地方环境保护行政主管部门制定。

2. 污废水采样时间和采样频率的确定

根据《地表水和污水监测技术规范》（HJ/T 91—2002）的规定，污染源污水监测的采样频次规定如下。

① 监督性监测：地方环境监测站对污染源的监督性监测每年不少于 1 次，如被国家或地方环境保护行政主管部门列为年度监测的重点排污单位，应增加到每年 2～4 次。因管理或执法的需要所进行的抽查性监测或对企业的加密监测由各级环境保护行政主管部门确定。

② 企业自我监测：工业废水按生产周期和生产特点确定监测频率。一般每个生产日至少 3 次。

③ 对于污染治理、环境科研、污染源调查和评价等工作中的污水监测，其采样频次可以根据工作方案的要求另行确定。

④ 排污单位为了确认自行监测的采样频次，应在正常生产条件下的一个生产周期内进行加密监测：周期在 8h 以内的，每小时采 1 次样；周期大于 8h 的，每 2h 采 1 次样，但每个生产周期采样次数不少于 3 次。采样的同时测定流量。根据加密监测结果，绘制污水污染物排放曲线（浓度-时间，流量-时间，总量-时间），并与所掌握资料对照，如基本一致，即可据此确定企业自行监测的采样频次。

根据管理需要进行污染源调查性监测时，也按此频次采样。

⑤ 排污单位如有污水处理设施并能正常运转使污水能稳定排放，则污染物排放曲线比较平稳，监督监测可以采瞬时样；对于排放曲线有明显变化的不稳定排放污水，要根据曲线情况分时间单元采样，再组成混合样品。正常情况下，混合样品的单元采样不得少于 2 次。如排放污水的流量、浓度甚至组分都有明显变化，则在各单元采样时的采样量应与当时的污水流量成比例，以使混合样品更有代表性。

三、采样方法及采样器的选择

1. 采样方法

（1）表层水　在河流、湖泊可以直接汲水的场合，可用适当的容器如水桶采样。从桥上等地方采样时，可将系着绳子的聚乙烯桶或带有坠子的采样瓶投于水中汲水。

（2）一定深度的水　在湖泊、水库等处采集一定深度的水时，可用直立式或有机玻璃采水器。这类装置在下沉过程中，水就从采样器中流过，当达到预定的深度时，容器能够闭合而汲取水样。在河水流动缓慢的情况下，采用上述方法时，最好在采样器下系上适宜的坠子；当水流急时要系上相应重的铅块，并配备绞车。

（3）泉水、井水　对于自喷的泉水，可在涌口处直接采样；对于不自喷的泉水，将停滞在抽水管的水汲出，新水更替之后，再进行采样。从井水采集水样，必须在充分抽汲后进行，以保证水样能代表地下水的水源。

（4）自来水或抽水设备中的水　采取这些水样时，应先放水数分钟，使积留在水管中的杂质及陈旧水排出，然后再取样。采集水样前，应先用水样洗涤采样容器、盛样瓶及塞子 2～3 次（油类除外）。

2. 采样容器的选择

在地表水水样采集过程中常用的采样容器有聚乙烯塑料桶、单层采水瓶、直立式采水器及自动采样器。

M2-1单层采水器

M2-2泵式采水器

四、采样前的准备

（1）确定采样负责人　主要负责制订采样计划并组织实施。

（2）制订采样计划　采样负责人在制订计划前要充分了解该项监测任务的目的和要求，应对要采样的监测断面周围情况了解清楚，并熟悉采样方法、水样容器的洗涤、样品的保存技术。在有现场测定项目和任务时，还应了解有关现场测定技术。采样计划应包括：确定的采样垂线和采样点位、测定项目和数量、采样质量保证措施、采样时间和路线、采样人员和分工、采样器材和交通工具以及需要进行的现场测定项目和安全保证等。

（3）采样器材与现场测定仪器的准备　采样器材主要是采样器和水样容器，水样保存及容器洗涤方法见表 2-12。本表所列洗涤方法，系指对已用容器的一般洗涤方法。如新启用容器，则应事先做更充分的清洗，容器应做到定点、定项。采样器的材质和结构应符合《水质采样器技术要求》中的规定。

表 2-12　水样保存及容器洗涤方法

项目	采样容器	保存剂及用量	保存期	采样量/mL[①]	容器洗涤
浊度[②]	G,P		12h	250	I
色度[②]	G,P		12h	250	I
pH[②]	G,P		12h	250	I
电导率[②]	G,P		12h	250	I
悬浮物[③]	G,P		14d	500	I
碱度[③]	G,P		12h	500	I
酸度[③]	G,P		30d	500	I
COD	G	加 H_2SO_4，pH≤2	2d	500	I
高锰酸盐指数[③]	G		2d	500	I
DO[②]	溶解氧瓶	加硫酸锰、碱性碘化钾-叠氮化钠溶液，现场固定	24h	250	I
BOD$_5$[③]	溶解氧瓶		12h	250	I
TOC	G	加 H_2SO_4，pH≤2	7d	250	I
F$^-$[③]	P		14d	250	I
Cl$^-$[③]	G,P		30d	250	I
Br$^-$[③]	G,P		14d	250	I
I$^-$	G,P	加 NaOH，pH=12	14d	250	I
SO$_4^{2-}$[③]	G,P		30d	250	I
PO$_4^{3-}$	G,P	加 NaOH、H_2SO_4 调 pH=7，CHCl$_3$ 0.5％	7d	250	IV
总磷	G,P	加 HCl、H_2SO_4，pH≤2	24h	250	IV
氨氮	G,P	加 H_2SO_4，pH≤2	24h	250	I
NO$_2^-$-N[③]	G,P		24h	250	I
NO$_3^-$-N[③]	G,P		24h	250	I
总氮	G,P	加 H_2SO_4，pH≤2	7d	250	I

续表

项目	采样容器	保存剂及用量	保存期	采样量/mL①	容器洗涤
硫化物	G,P	1L 水样加 NaOH 至 pH＝9,加入 5％抗坏血酸 5mL,饱和 EDTA 3mL,滴加饱和 Zn(Ac)₂ 至胶体产生,常温避光	24h	250	Ⅰ
总氰	G,P	NaOH,pH≥9	12h	250	Ⅰ
Be	G,P	HNO₃,1L 水样中加浓 HNO₃ 10mL	14d	250	Ⅲ
B	P	HNO₃,1L 水样中加浓 HNO₃ 10mL	14d	250	Ⅲ
Na	P	HNO₃,1L 水样中加浓 HNO₃ 10mL	14d	250	Ⅱ
Mg	G,P	HNO₃,1L 水样中加浓 HNO₃ 10mL	14d	250	Ⅱ
K	P	HNO₃,1L 水样中加浓 HNO₃ 10mL	14d	250	Ⅱ
Ca	G,P	HNO₃,1L 水样中加浓 HNO₃ 10mL	14d	250	Ⅱ
Cr(Ⅵ)	G,P	NaOH,pH 为 8～9	14d	250	Ⅲ
Mn	G,P	HNO₃,1L 水样中加浓 HNO₃ 10mL	14d	250	Ⅲ
Fe	G,P	HNO₃,1L 水样中加浓 HNO₃ 10mL	14d	250	Ⅲ
Ni	G,P	HNO₃,1L 水样中加浓 HNO₃ 10mL	14d	250	Ⅲ
Cu	P	HNO₃,1L 水样中加浓 HNO₃ 10mL	14d	250	Ⅲ
Zn	P	HNO₃,1L 水样中加浓 HNO₃ 10mL	14d	250	Ⅲ
As	G,P	HNO₃,1L 水样中加浓 HNO₃ 10mL,DDTC 法,HCl 2mL	14d	250	Ⅰ
Se	G,P	HCl,1L 水样中加浓 HCl 2mL	14d	250	Ⅲ
Ag	G,P	HNO₃,1L 水样中加浓 HNO₃ 2mL	14d	250	Ⅲ
Cd	G,P	HNO₃,1L 水样中加浓 HNO₃ 10mL	14d	250	Ⅲ
Sb	G,P	HCl,0.2％(氢化物法)	14d	250	Ⅲ
Hg	G,P	1％ HCl,如水样为中性,1L 水样中加浓 HCl 10mL	14d	250	Ⅲ
Pb	G,P	1％ HNO₃,如水样为中性,1L 水样中加浓 HNO₃ 10mL	14d	250	Ⅲ
油类	G	加 HCl 至 pH≤2	7d	250	Ⅱ
农药类②	G	加入抗坏血酸 0.01～0.02g 除去残余氯	24h	1000	Ⅰ
除草剂类②	G	加入抗坏血酸 0.01～0.02g 除去残余氯	24h	1000	Ⅰ
邻苯二甲酸酯类②	G	加入抗坏血酸 0.01～0.02g 除去残余氯	24h	1000	Ⅰ
挥发性有机物③	G	用 1∶10 HCl 调 pH＝2,加入抗坏血酸 0.01～0.02g 除去残余氯	12h	250	Ⅰ
甲醛③	G	加入硫代硫酸钠 0.2～0.5g 除去残余氯	24h	250	Ⅰ
酚类③	G	用 H₃PO₄ 调 pH＝2,加入抗坏血酸 0.01～0.02g 除去残余氯	24h	1000	Ⅰ
阴离子表面活性剂	G,P		24h	250	Ⅳ
微生物③	G	加入硫代硫酸钠 0.2～0.5g 除去残余氯,4℃保存	12h	250	Ⅰ
生物③	G,P	不能现场测定时用甲醛固定	12h	250	Ⅰ

① 为单项样品的最少采样量。

② 表示应尽量做现场测定。

③ 表示低温（0～4℃）避光保存。

注：1. G 为硬质玻璃瓶,P 为聚乙烯瓶（桶）。

2. Ⅰ,Ⅱ,Ⅲ,Ⅳ表示四种洗涤方法,如下:

Ⅰ：洗涤剂洗 1 次,自来水洗 3 次,蒸馏水洗 1 次;

Ⅱ：洗涤剂洗 1 次,自来水洗 2 次,1+3 HNO₃ 荡洗 1 次,自来水洗 3 次,蒸馏水洗 1 次;

Ⅲ：洗涤剂洗 1 次,自来水洗 2 次,1+3 HNO₃ 荡洗 1 次,自来水洗 3 次,去离子水洗 1 次;

Ⅳ：铬酸洗液洗 1 次,自来水洗 3 次,蒸馏水洗 1 次。如果采集污水样品可省去用蒸馏水、去离子水清洗的步骤。

3. 经 160℃干热灭菌 2h 的微生物、生物采样器,必须在两周内使用,否则应重新灭菌;经 121℃高压蒸汽灭菌 15min 的采样容器,如不立即使用,应于 60℃将瓶内冷凝水烘干,两周内使用。细菌监测项目采样时不能用水样冲洗采样容器,不能采混合水样,应单独采后 2h 内送实验室分析。

想一想

1. 地表水和污废水的采集过程中需要注意哪些问题？
2. 为什么在采集过程中需要填写采样记录表和贴标签？
3. 水样保存方法有哪些？如何做到保存过程中不对水样的性质产生影响？

任务七 水样采集与运输保存

任务要求

1. 能采集水样并做好采样记录。
2. 能正确运输保存水样。

一、水样采集

1. 地表水和地下水水样的采集

同"任务六三、1. 采样方法"。

2. 污废水的采集

① 在分时间单元采集样品时，测定 pH、COD、BOD_5、DO、硫化物、油类、有机物、余氯、粪大肠菌群、悬浮物、放射性等项目的样品，不能混合，只能单独采样。

② 自动采样用自动采样器进行，有时间比例采样和流量比例采样。当污水排放量较稳定时可采用时间比例采样，否则必须采用流量比例采样。

③ 实际采样位置应在采样断面的中心。当水深大于 1m 时，应在表层下 1/4 深度处采样；水深小于或等于 1m 时，在水深的 1/2 处采样。

二、采样记录和水样标签

在进行地表水采样时，往往采样点较多，水样量大。因此，为防止水样混淆，同时也为了及时掌握水质的某些指标状态，需要现场填写采样记录表，在水样容器外面贴好相应的水样标签。水质采样记录表见表 2-13，其中包括采样现场描述与现场测定项目两部分内容，均应认真填写。水样标签可参考表 2-14。污废水的采样记录表见表 2-15。

表 2-13 水质采样记录表

气象参数		水 文 参 数					现 场 测 定		
天气	气温/℃	气压/kPa	水温/℃	流速	流量	水位			

点位名称	样品编号	样品采样				样品运输条件	样品验收	
		分析项目	采样量	容器	保存方法		样品量	样品状况

表 2-14　水样标签

监测指标名称：_____　采样断面名称：_____　采样点名称：_____

采样日期：_____　采样量：_____　样品编号：_____

采样人：_____　记录人：_____　接收人：_____

对于需要现场测定记录的参数及对应的测定方式规定为：

① 水温：用经检定的温度计直接插入采样点测量。深水温度用电阻温度计或颠倒温度计测量。温度计应在测点放置 5～7min 待测得的水温恒定不变后读数。

② pH 值：用测量精度为 0.1 的 pH 计测定。测定前应清洗和校正仪器。

③ DO：用膜电极法（注意防止膜上附着微小气泡）。

④ 透明度：用塞氏盘法测定。

⑤ 电导率：用电导率仪测定。

⑥ 氧化还原电位：用铂电极和甘汞电极以 mV 计或 pH 计测定。

⑦ 浊度：用目视比色法或浊度仪。

⑧ 水样感官指标的描述。

颜色：用相同的比色管，分取等体积的水样和蒸馏水作比较，进行定性描述。水的气味（嗅）、水面有无油膜等均应做现场记录。

⑨ 水文参数：水文测量应按《河流流量测验规范》（GB 50179—2015）进行。潮汐河流各点位采样时，还应同时记录潮位。

⑩ 气象参数：气温、气压、风向、风速和相对湿度等。

表 2-15　污废水采样记录表

监测站名_____　年　度_____

序号	企业名称	行业名称	采样口	采样口位置车间或出厂口	采样口流量/(m³/s)	采样时间 月　日	颜色	嗅	备注

现场情况描述：

治理设施运行状况：

采样人员：_____　企业接待人员：_____　记录人员：_____

三、水样的保存

储存水样的容器可能吸附水中欲测组分，因此水样应尽快分析测定；对于不能在现场测定的样品，应根据监测项目的不同，采取适宜的保存方法。

1. 储存容器的选择

常用的容器材质有硼硅玻璃、石英和聚四氟乙烯。其中石英和聚四氟乙烯杂质含量少，但价格昂贵，一般常规监测中广泛使用聚乙烯和硼硅玻璃材质的容器。

2. 水样的保存时间

水样的运输时间以 24h 为最大允许时间；最长储放时间清洁水样为 72h，轻污染水样为 48h，严重污染水样为 12h。

3. 水样的保存方法

水样的保存方法主要有冷藏或冷冻、加入化学试剂保存、加入氧化剂保存。冷藏或冰冻主要是抑制微生物的作用，减缓物理挥发和化学反应速率。加入化学试剂保存包括三种方法：

① 加入生物抑制剂，如：在测定氨氮、硝酸盐氮、化学需氧量的水样中加入氯化汞，可抑制生物的氧化还原作用；对测定酚的水样，用磷酸调至 pH＝4 时，加入适量的硫酸铜，可抑制苯酚菌的分解活动。

② 调节 pH 值，如：测定金属离子的水样常用硝酸酸化至 pH 为 1～2，既可防止重金属离子水解沉淀，又可避免金属容器壁吸附；测定氰化物或挥发性酚的水样加入氢氧化钠调至 pH＝12，使之生成稳定的酚盐等。另外，低 pH 值还能抑制微生物的代谢，消除微生物对 COD、TOC、油脂等项目测定的影响。

③ 测定硫化物的水样加入抗坏血酸，可以防止被氧化；测定溶解氧的水样则需加入少量硫酸锰和碘化钾固定溶解氧（还原）等。应注意，加入的保存剂不应干扰测定，纯度最好是优级纯，再做相应的空白试验对测定结果进行校正。

具体测定参数对应的保存时间及保存方式见表 2-12。

四、水样的运输

对于采集的各种水样，除少部分在现场测定外，大部分要送到实验室进行检测。因此，要对采集的样品进行运输。在采集到分析这段时间内，由于环境条件发生了变化，会引起水样某些物理参数及化学组分的变化。为使这些变化降到最低的程度，要尽量缩短运输的时间，尽快地分析测定和采取必要保护措施。

水样在运输时要做到以下几点：

① 要塞紧采样容器口的塞子，必要时用封口胶、石蜡进行封存。

② 为避免水样在运输过程中因振动、碰撞导致损失或玷污，最好将样瓶装箱，并用泡沫塑料或纸条挤紧。

③ 需冷藏的样品，应配备专门的隔热容器，放入制冷剂，将样品瓶置于其中。

④ 冬季应采取保温措施，以免冻裂样瓶。

五、采样注意事项

1. 地表水采样注意事项

① 采样时不可搅动水底的沉积物。

② 采样时应保证采样点的位置准确，必要时使用定位仪（GPS）定位。

③ 认真填写"水质采样记录表"，用签字笔或硬质铅笔在现场记录，应字迹端正、清晰，项目完整。可按表 2-13 的格式设计统一的记录表。

④ 保证采样按时、准确、安全。

⑤ 采样结束前，应核对采样计划、记录与水样，如有错误或遗漏，应立即补采或重采。

⑥ 如采样现场水体很不均匀，无法采到有代表性的样品，则应详细记录不均匀的情况和实际采样情况，供使用该数据者参考，并将此现场情况向环境保护行政主管部门反映。

⑦ 测定油类的水样，应在水面至 300mm 深度采集柱状水样，单独采样，全部用于测定。并且采样瓶（容器）不能用采集的水样冲洗。

⑧ 测溶解氧、生化需氧量和有机污染物等项目时，水样必须注满容器，上部不留空间，并有水封口。

⑨ 如果水样中含沉降性固体（如泥沙等），则应分离除去。分离方法为：将所采水样摇匀后倒入筒形玻璃容器（如1~2L量筒），静置30min，将不含沉降性固体但含有悬浮性固体的水样移入盛样容器并加入保存剂。测定水温、pH、DO、电导率、总悬浮物和油类的水样除外。

⑩ 测定湖库水的COD、高锰酸盐指数、叶绿素a、总氮、总磷时，水样静置30min后，用吸管一次或几次移取水样，吸管进水尖嘴应插至水样表层50mm以下位置，再加保存剂保存。

⑪ 测定油类、BOD_5、DO、硫化物、余氯、粪大肠菌群、悬浮物放射性等项目要单独采样。

2. 污废水采样注意事项

① 用样品容器直接采样时，必须用水样冲洗三次后再行采样。但当水面有浮油时，采油的容器不能冲洗。

② 采样时应注意除去水面的杂物、垃圾等漂浮物。

③ 用于测定悬浮物、BOD_5、硫化物、油类、余氯的水样，必须单独定容采样，全部用于测定。

④ 在选用特殊的专用采样器（如油类采样器）时，应按照该采样器的使用方法采样。

⑤ 采样时应认真填写"污水采样记录表"并贴好标签。

⑥ 凡需现场监测的项目，应进行现场监测。其他注意事项可参见地表水质监测的采样部分。

💡 想一想

1. 水样为什么需要预处理？
2. 是否所有水样监测都需要预处理？
3. 水样预处理方式有哪些？

任务八 水样预处理

💡 任务要求

1. 认识水样预处理的方法。
2. 能进行水样的预处理。

由于环境水样所含组分复杂，并且多数污染组分含量低、存在形式各异，所以在测试前需要对样品进行预处理，以得到待测组分适合测定方法要求的成分、含量和消除共存组分干扰的试样体系。常见预处理有水样的消解、富集与蒸馏。

一、水样的消解

当测定含有机物水样中的无机元素时，需进行消解处理。消解处理的目的是破坏有机物，溶解悬浮性固体，将各种价态的待测元素氧化成单一高价态或转变成易于分离的无机化合物。消解后的水样应清澈透明，无沉淀。消解水样的方法有湿式消解法和干式分解法。

1. 湿式消解法

湿式消解法有以下几种：

（1）硝酸消解法 对于较清洁的水样，可用硝酸消解。其方法要点是：取混匀的水样50～200mL 于烧杯中，加入 5～10mL 浓硝酸，加热煮沸，蒸发至小体积，试液应清澈透明，呈浅色或无色，否则，应补加硝酸继续消解。蒸至近干，取下烧杯，稍冷后加 2%HNO$_3$（或 HCl）20mL，温热溶解可溶盐。若有沉淀，应过滤，滤液冷至室温后于 50mL容量瓶中定容备用。

动画扫一扫

M2-3硝酸-高氯酸
消解法动画

（2）硝酸-高氯酸消解法 这两种酸都是强氧化性酸，联合使用可消解含难氧化有机物的水样。方法要点是：取适量水样于烧杯或锥形瓶中，加 5～10mL 硝酸，加热，消解至大部分有机物被分解。取下烧杯，稍冷，加 2～5mL 高氯酸，继续加热至开始冒白烟，如试液呈深色，再补加硝酸，继续加热至冒浓厚白烟将尽（不可蒸至干涸）。取下烧杯冷却，用 2%HNO$_3$ 溶解，如有沉淀，应过滤，滤液冷至室温定容备用。

因高氯酸能与羟基化合物反应生成不稳定的高氯酸酯，有发生爆炸的危险，对含羟基化合物的水样应先用硝酸氧化，稍冷后再加高氯酸处理。

（3）硝酸-硫酸消解法 这两种酸都有较强的氧化能力，其中硝酸沸点低，而硫酸沸点高，两者结合可提高消解温度和消解效果。常用的硝酸与硫酸的比例为 5：2。消解时，先将硝酸加入水样中，加热蒸发至小体积，稍冷，再加入硫酸、硝酸，继续加热蒸发至冒大量白烟，冷却，加适量水，温热溶解可溶盐，若有沉淀，应过滤。有时为提高消解效果，可加入少量的过氧化氢。

（4）硫酸-磷酸消解法 这两种酸的沸点都比较高，其中硫酸氧化性较强，磷酸能与一些金属如 Fe^{3+} 等络合，故两者结合消解水样，有利于测定时消除 Fe^{3+} 等离子的干扰。

（5）硫酸-高锰酸钾消解法 该法常用于消解测定汞的水样。高锰酸钾是强氧化剂，在中性、碱性、酸性条件下都可以氧化有机物，其氧化产物多为草酸根，但在酸性介质中还可继续氧化。消解要点是：取适量水样，加适量硫酸和 5%高锰酸钾，混匀后加热煮沸，冷却，滴加盐酸羟胺溶液破坏过量的高锰酸钾。

另外测汞的水样还可用紫外线照射消解法。该法利用紫外线来分解有机汞，一般将水样盛于一无色、透明、较薄的容器内，用紫外线照射 20～30min。该法可消除氯化物的干扰。光源有汞灯（适用于分解有机物较少的水）、镉灯、锌灯（适用于含有机物较多的河水及一般污水）。紫外线消解法分解效率高，无外来污染，易于实现自动化。

2. 干式分解法

干式分解法的处理过程是：取适量的水样于白瓷或石英蒸发皿中，置于水浴上或用红外灯蒸干，移入马弗炉内，于 450～550℃ 灼烧到残渣呈灰白色，使有机物完全分解除去；取出蒸发皿，冷却，用适量的质量分数为 2%的HNO$_3$（或 HCl）溶解样品灰分，过滤，滤液定容后供测定用。本方法不适用于易挥发组分（如砷、汞、镉、硒、锡等）的水样。

动画扫一扫

M2-4水样的预
处理(蒸馏法)

二、富集与分离

若水样中待测组分含量较低或干扰杂质较多时，就需要对水样进行富集或分离，常用的方法有过滤、挥发、蒸馏、溶剂萃取、离子交换、吸附、共沉淀、色谱分离、顶空法和低温吹扫捕集等，要结合具体情况选择使用。下面主要介绍蒸馏法、离子交换法、低温吹扫捕集法和顶空法。

1. 蒸馏法

蒸馏法是利用水样中各污染组分具有不同的沸点而使其彼此分离的方法，分为常压蒸馏、减压蒸馏、水蒸气蒸馏和分馏法等。蒸馏具有消解、分离和富集三种作用。例如测定水样中氨氮、挥发酚、氰化物和氟化物等需要蒸馏分离。图 2-3 与图 2-4 分别是挥发酚（氰化物）和氨氮的蒸馏装置图。

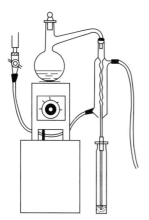

图 2-3 挥发酚（氰化物）的蒸馏装置

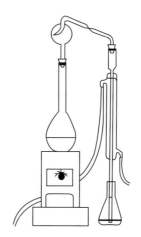

图 2-4 氨氮蒸馏装置

2. 离子交换法

离子交换是利用离子交换剂与溶液中的离子发生交换反应进行分离的方法。离子交换剂可分为无机离子交换剂和有机离子交换剂，目前广泛应用的是有机离子交换剂，即离子交换树脂。用离子交换树脂进行分离的操作程序如下。

（1）交换柱的制备　如分离阳离子，则选择强酸性阳离子交换树脂。首先将其在稀盐酸中浸泡，以除去杂质并使之溶胀和完全转变成 H 式，然后用蒸馏水洗至中性，装入充满蒸馏水的交换柱中，注意防止气泡进入树脂层。需要其他类型的树脂，均可用相应的溶液处理。如：用 NaCl 溶液处理强酸性树脂，可转变成 Na 型；用 NaOH 溶液处理强碱性树脂，可转变成 OH 型等。

（2）交换　将试液以适宜的流速倾入交换柱，则欲分离离子从上到下一层层地发生交换过程，交换完毕，用蒸馏水洗涤，洗下残留的溶液及交换过程中形成的酸、碱或盐类等。

（3）洗脱　将洗脱溶液以适宜速度倾入洗净的交换柱，洗下交换在树脂上的离子，达到分离的目的。对阳离子交换树脂，常用盐酸溶液作为洗脱液；对阴离子交换树脂，常用盐酸溶液、氯化钠溶液或氢氧化钠溶液作为洗脱液。对于分配系数相近的离子，可用含有机络合剂或有机溶剂的洗脱液，以提高洗脱过程的选择性。

3. 低温吹扫捕集法

其原理是使吹洗气体连续通过样品，将其中的挥发组分萃取后在吸附剂或冷阱中捕集，再进行分析测定，因而是一种非平衡态连续萃取。这种方法几乎能全部定量地将被测物萃取出来，不但萃取效率高，而且被测物可以被浓缩，使方法灵敏度大大提高。

低温吹扫捕集装置如图 2-5 所示。装置由吹扫瓶、水冷凝器、热解吸管、冷阱、毛细管及进样口六部分组成。吹扫瓶 1 用于盛放样品；水冷凝器 2 用于冷却除去水蒸气，以防水蒸气冷凝在冷阱中堵塞管路；热解吸管 3 温度保持在 2500℃，使吹出样品全部汽化；冷阱 4 通液氮控制捕集温度；毛细管 5 放在冷阱中，用于捕集吹出的挥发物；进样口 6 在吹扫结束后吹出物经此进入气相色谱毛细管中分离。

4. 顶空法

该方法常用于测定挥发性有机物（VOCs）或挥发性无机物（VICs）水样的预处理。测

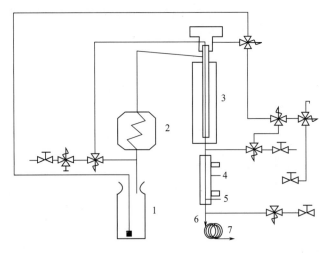

图 2-5　低温吹扫捕集装置

1—吹扫瓶；2—水冷凝器；3—热解吸管；4—冷阱；5—毛细管；6—进样口；7—色谱柱

定时，先在密闭的容器中装入水样，容器上部留存一定空间，再将容器置于恒温水浴中，经过一定时间，容器内的气液两相达到平衡，待测组分在两相中的分配系数 K 和体积比 β 分别为：

$$K = \frac{[X]_G}{[X]_L} \quad \beta = \frac{V_G}{V_L}$$

式中　　$[X]_G$、$[X]_L$——平衡状态下待测物 X 在气相和液相中的浓度；

　　　　V_G、V_L——气相和液相体积。

设组分的初始浓度为 $[X]_L^0$，根据物料平衡原理，有以下关系式：

$$[X]_G = \frac{[X]_L^0}{K + \beta}$$

由于 K、β 已知，即可求出水样中欲测物的原始浓度。

💡 **想一想**

1. 地表水监测的指标有哪些？
2. 工业废水监测的指标有哪些？
3. 水质监测指标中需要在采样现场监测的指标有哪些？

任务九　分析测试

❗ **任务要求**

1. 了解水质监测的主要指标。
2. 掌握水质监测主要指标的测定方法及原理。
3. 能进行水质监测。

一、监测物理性指标

1. 测定水温 （ GB/T 13195—91 ）

水的物理化学性质与水温有密切关系。水中溶解性气体（如氧气、二氧化碳等）的溶解度、水生生物和微生物活动、化学和生物化学反应速率及盐度、pH 值等都受水温变化的影响。水的温度因水源不同而有很大差异。一般来说，地下水温度比较稳定，通常为 8～12℃；地表水温度随季节和气候变化较大，大致变化范围为 0～30℃。工业废水的温度因工业类型、生产工艺不同有很大差别。

水温测量应在现场进行。常用的测量仪器有水温计、颠倒温度计和热敏电阻温度计。

（1）水温计法　水温计是安装于金属半圆槽壳内的水银温度表，下端连接一金属储水杯，温度表水银球悬于杯中，其顶端的槽壳带一圆环，拴以一定长度的绳子。测温范围通常为 -6～41℃，最小分度为 0.2℃。测量时将其插入一定深度的水中，放置 5min 后，迅速提出水面并读数。

（2）颠倒温度计法　颠倒温度计用于测量深层水温度，一般装在采水器上使用。它由主温表和辅温表构成。主温表是双端式水银温度计，用于观测水温；辅温表为普通水银温度计，用于观测读取水温时的气温，以校正因环境温度改变而引起的主温表读数的变化。测量时，将其沉入预定深度水层，感温 7min，提出水面后立即读数，并根据主、辅温度表的读数，用海洋常数表进行校正。水温表和颠倒温度表应定期校核。

2. 测定色度 （ GB 11903—89 ）

颜色、浊度、悬浮物等都是反映水体外观的指标。纯水为无色透明，天然水中存在腐殖质、泥土、浮游生物和无机矿物质，使其呈现一定的颜色。工业废水含有染料、生物色素、有色悬浮物等，是环境水体着色的主要来源。有颜色的水可减弱水体的透光性，影响水生生物生长。

水的颜色可分为真色和表色两种。真色是指去除悬浮物后水的颜色；没有去除悬浮物的水所具有的颜色称为表色。对于清洁或浊度很低的水，其真色和表色相近；对于着色很深的工业废水，二者差别较大。水的色度一般是指真色。水的颜色常用以下方法测定。

（1）铂钴标准比色法　本方法是用氯铂酸钾与氯化钴配成标准色列，再与水样进行目视比色确定水样的色度。规定每升水中含 1mg 铂和 0.5mg 钴所具有的颜色为 1 度，作为标准色度单位。测定时如果水样浑浊，则应放置澄清，也可用离心法或用孔径 0.45μm 滤膜过滤去除悬浮物，但不能用滤纸过滤。

该方法适用于较清洁的、带有黄色色调的天然水和饮用水的测定。如果水样中有泥土或其他分散很细的悬浮物，用澄清、离心等方法处理仍不透明时，则测定"表色"。

（2）稀释倍数法　该方法适用于受工业废水污染的地表水和工业废水颜色的测定。测定时，首先用文字描述水样颜色的种类和深浅程度，如深蓝色、棕黄色、暗黑色等。然后取一定量水样，用蒸馏水稀释到刚好看不到颜色，根据稀释倍数表示该水样的色度。所取水样应无树叶、枯枝等杂物；取样后应尽快测定，否则，于 4℃ 保存并在 48h 内测定。

（3）分光光度法　它是用分光光度法求出有色水样的三激励值，然后查图和表，得知水样的色调（红、绿、黄等），以主波长表示；亮度，以明度表示；饱和度（柔和、浅淡等），以纯度表示。近年来，我国某些行业已试用这种方法检验排水水质。

3. 测定残渣 （ GB 11901—89 ）

残渣分为总残渣、总可滤残渣和总不可滤残渣三种。它们是表征水中溶解性物质、不溶性物质含量的指标。

（1）总残渣　总残渣是水和废水在一定的温度下蒸发、烘干后剩余的物质，包括总不可滤残渣和总可滤残渣。其测定方法是取适量（如 50mL）振荡均匀的水样于称至恒重的蒸发皿中，在蒸汽浴或水浴上蒸干，移入 103～105℃烘箱内烘至恒重，增加的质量即为总残渣。计算式如下：

$$总残渣(mg/L) = \frac{(A-B) \times 10^6}{V} \tag{2-1}$$

式中　　A——总残渣和蒸发皿质量，g；

　　　　B——蒸发皿质量，g；

　　　　V——水样体积，mL。

（2）总可滤残渣　　总可滤残渣量是指将过滤后的水样放在称至恒重的蒸发皿内蒸干，再在一定温度下烘至恒重所增加的质量。一般测定 103～105℃烘干的总可滤残渣，但有时要求测定 (180±2)℃烘干的总可滤残渣。水样在此温度下烘干，可将吸着水全部赶尽，所得结果与化学分析结果所计算的总矿物质含量较接近。计算方法同总残渣。

标准扫一扫

M2-5GB 11901—89

（3）总不可滤残渣（悬浮物，SS）　　水样经过滤后留在过滤器上的固体物质，于 103～105℃烘至恒重得到的物质质量称为总不可滤残渣量。它包括不溶于水的泥沙、各种污染物、微生物及难溶无机物等。常用的滤器有滤纸、滤膜、石棉坩埚。由于它们的滤孔大小不一致，故报告结果时应注明。石棉坩埚通常用于过滤含酸或碱浓度高的水样。地表水中存在悬浮物，使水体浑浊，透明度降低，影响水生生物呼吸和代谢；工业废水和生活污水含大量无机、有机悬浮物，易堵塞管道、污染环境。因此，为必测指标。

任务实施

操作 1　悬浮物的测定

一、目的要求

1. 熟练使用分析天平和烘箱；

2. 巩固称量分析法的操作要点；

3. 掌握污水中悬浮物的测定原理和操作。

二、方法原理

悬浮物（SS）是水样经过滤后留在滤器上的固体物质，于 103～105℃烘至恒重得到的物质质量。

三、仪器与试剂

1. 烘箱；

2. 分析天平；

3. 干燥器；

4. 全玻璃微孔滤膜过滤器；

5. 抽滤瓶、真空泵。

四、操作步骤

1. 滤膜的准备

用扁嘴无齿镊子夹取微孔滤膜放于事先恒重的称量瓶里，移入烘箱中于 103～105℃烘干 0.5h，取出置于干燥器内冷却至室温称其质量。反复烘干、冷却、称量，直至两次称量的质量差≤0.2mg。将恒重的微孔滤膜正确地放在滤膜过滤器的滤膜托盘上，加盖配套的漏斗，并用夹子固定好。以蒸馏水润湿滤膜，并不断吸滤。

2. 测定

量取充分混合均匀的水样 100mL 抽吸过滤，使水样全部通过滤膜。再以每次 10mL 蒸馏水连续洗涤三次，继续吸滤以除去痕量水分。停止吸滤后，仔细取出载有悬浮物的滤膜放在原恒重的称量瓶里，移入烘箱于 103～105℃烘干 1h 后移入干燥器，使冷却到室温，称其质量。反复烘干、冷却、称量，直至两次称量的质量差≤0.4mg。

五、数据记录与处理

$$悬浮物含量(mg/L)=\frac{(m_1-m_2)\times 10^6}{V_样}$$

式中　　m_1——滤膜质量＋悬浮物质量＋称量瓶质量，g；

　　　　m_2——滤膜质量＋称量瓶质量，g；

　　　　$V_样$——水样体积，mL。

滤膜的准备	m_1/g	
	m_2/g	
	m_3/g	
	m_4/g	
滤膜＋称量瓶的质量/g		
滤膜＋悬浮物＋称量瓶的质量/g		
悬浮物质量/g		
悬浮物含量/(mg/L)		
计算公式		

注：所有任务实施评价参考附录评价考核记录表。

4. 测定浊度（GB 13200—91）

天然水和废水由于含有各种大小不等的不溶解物质，如泥土、细沙、有机物和微生物等而产生混浊现象。水样浑浊的程度可用浑浊度的大小来表示，是指水中不溶解物质在光线透射时所产生的阻碍程度。也就是说，由于水中有不溶解物的存在，使通过水样的部分光线被吸收或散射，而不是直线穿透。

标准扫一扫

M2-6GB 13200—91

测定方法有分光光度法、目视比浊法（浊度标准：1L 蒸馏水中含有 1mg SiO_2 为一个浊度单位）和浊度计法。

（1）分光光度法　该方法适用于天然水、饮用水、高浊度水浊度的测定，最低检测度为 3 度。

方法原理：在适宜的温度下，取一定量的硫酸肼与六次甲基四胺溶液进行聚合反应，形成白色高分子聚合物。以此作为测定浊度的标准溶液，在同一条件下，于 680nm 处，分别测定水样和标准系列的吸光度，由校准曲线可查取测定水样的浊度，最后根据计算可知原水样的浊度。

💡 任务实施

操作 2　浊度的测定

一、目的要求

1. 掌握分光光度法测定浊度的原理和操作；

2. 学会浊度标准溶液的配制。

二、方法原理

将一定量的硫酸肼与六次甲基四胺聚合，形成白色高分子聚合物，以此作为浊度标准溶液，在一定条件下与水样浊度进行比较。规定 1L 水中含有 0.1mg 硫酸肼和 1mg 六次甲基四胺为 1 度。

三、仪器与试剂

1. 容量瓶：100mL，250mL。

2. 721 分光光度计。

3. 硫酸肼溶液 1g/100mL：称取 2.5000g 硫酸肼〔(N_2H_4) H_2SO_4〕溶于水，定容至 250mL。

4. 六次甲基四胺溶液 10g/100mL：称取 25.00g 六次甲基四胺溶于水，定容至 250mL。

5. 浊度标准储备液：移取 12.5mL 硫酸肼溶液与 12.5mL 六次甲基四胺溶液于 250mL 容量瓶中，摇匀。于（25±3）℃下静置反应 24h。冷却至室温后用水稀释至标线，混匀。此溶液的浊度为 400 度。可保存一个月。注意硫酸肼有毒，致癌。

四、操作步骤

1. 标准曲线的绘制

吸取浊度标准溶液 0、0.50mL、1.25mL、2.50mL、5.00mL、10.00mL、12.50mL 于 50mL 容量瓶中，加水至标线，摇匀后，即得浊度为 0、4 度、10 度、20 度、40 度、80 度、100 度的标准系列。于 680nm 波长，用 30mm 比色皿测定吸光度，绘制标准曲线。

2. 测定

吸取 50.0mL 摇匀水样（无气泡，如浊度超过 100 度可酌情少取，用无浊度水稀释至 50.0mL），于 50mL 比色管中，按绘制标准曲线的步骤测定吸光度，由标准曲线上得到水样的浊度。

五、数据记录与处理

（1）标准曲线的绘制

编号	1	2	3	4	5	6	7
移取体积/mL	0	0.50	1.25	2.50	5.00	10.00	12.50
浊度/度	0	4	10	20	40	80	100
吸光度							

（2）水样测定

编号	1	2
移取体积/mL		
吸光度		
浊度/度		
相对平均偏差/%		

（2）目视比浊法　该方法适用于饮用水和水源水等低浊度水，最低检测度为 1 度。

方法原理：用硅藻土（或白陶土）配制标准浊度溶液，将水样与之进行比较。我国规定相当于 1mg 一定粒度的硅藻土（或白陶土）在 1000mL 水中所产生的浊度为 1 度。

（3）浊度计法　浊度计是根据浑浊液对光进行散射或透射的原理制成的，一般用于水体浊度的连续自动监测。

5. 电导率的测定（GB/T 6908—2018）

电导率是以数字表示的溶液传导电流的能力。单位以西门子每米（S/m）表示。电导率是物体传导电流的能力（电阻率的倒数）。电导率等于溶液中各种离子电导率之和，它可以间接衡量溶液中离子的总含量。

理论上说，纯净水的电导率应该是零。电导率越高，一般来说腐蚀性越强。电导率随温度的升高而升高，也受溶液自身所含离子的状态、数量以及黏度的影响，这两个参数随温度变化而变化，温度的变化伴随着电导率的变化。

电导率的测定常用电导仪（或电导率仪）法。

（1）方法原理　将两块平行的极板放到被测溶液中，在极板的两端加上一定的电势（通常为正弦波电压），然后测量极板间流过的电流，根据欧姆定律，当已知电导池常数（Q），并测出溶液电阻（R）或电导（L）时，即可求出电导率（K）。

（2）电导仪　电导仪由电导池系统和测量仪器组成。电导池是盛放或发送被测溶液的仪器，电导池中装有电导电极和感温元件，电导电极分片状光亮和镀铂黑的铂电极及 U 形铂电极，每一个电极有各自的电导常数。

（3）注意事项

① 水样中的粗大悬浮物、油脂会干扰测定，可通过过滤或萃取去除。

② 温度差 1℃，电导率差 2.2%，因此必须恒温。

③ 使用与水样电导率相近的 KCl 标准溶液。

④ 容器要洁净，测量要迅速。

⑤ 若使用已知电导池常数的电导池，可直接测定读出数据。

二、监测非金属类无机物指标

1. pH 的测定（GB 6920—86）

pH 值是溶液中氢离子活度的负对数，即 $pH = -\lg a(H^+)$，pH 值是最常用的水质监测指标之一。天然水的 pH 值多在 6～9；饮用水 pH 值要求在 6.5～8.5；某些工业用水的 pH 值必须保持在 7.0～8.5，以防止金属设备和管道被腐蚀。此外，pH 值在废水生化处理、评价有毒物质的毒性等方面也具有指导意义。测定水 pH 值的方法有玻璃电极法和比色法。

玻璃电极法（电位法）测定 pH 值是以 pH 玻璃电极为指示电极，饱和甘汞电极为参比电极，并将二者与被测溶液组成原电池。

（1）适用范围　本法适用于饮用水、地表水及工业废水 pH 值的测定。

（2）方法原理　pH 值由测量电池的电动势得到。该电池通常由饱和甘汞电极为参比电极，玻璃电极为指示电极所组成。在 25℃，溶液中 pH 每变化 1 个单位，电位差改变为 59.16mV，据此在仪器上直接以 pH 的读数表示。温度差异在仪器上有补偿装置。

（3）样品保存　样品最好现场测定。否则，应在采样后把样品保持在 0～4℃，并在采样后 6h 之内进行测定。

2. 测定溶解氧（DO）（GB 7489—87）

溶解在水中的分子态氧称为溶解氧，通常记作 DO，用 mg/L 表示。测定水中溶解氧的方法有碘量法和氧电极法，清洁水可用碘量法，受污染的地表水和工业废水必须用修正的碘量法或氧电极法。碘量法测定溶解氧（DO）的方法原理详见操作 3 溶解氧的测定（碘量法）。

标准扫一扫

M2-7GB 7489—87

任务实施

操作3 溶解氧的测定（碘量法）

一、目的要求

1. 掌握碘量法测定溶解氧的原理和操作；

2. 巩固滴定分析操作过程。

二、方法原理

水样中加入硫酸锰和碱性碘化钾，水中的溶解氧将二价锰氧化成四价锰，生成氢氧化物。加酸后，氢氧化物沉淀溶解并与碘离子反应而释放出与溶解氧量相当的游离碘。以淀粉为指示剂，用硫代硫酸钠滴定释放出的碘，可计算出溶解氧含量。

$$MnSO_4 + 2NaOH \longrightarrow Na_2SO_4 + Mn(OH)_2$$
$$2Mn(OH)_2 + O_2 \longrightarrow 2MnO(OH)_2 \downarrow （棕色）$$
$$MnO(OH)_2 + 2H_2SO_4 \longrightarrow Mn(SO_4)_2 + 3H_2O$$
$$Mn(SO_4)_2 + 2KI \longrightarrow MnSO_4 + K_2SO_4 + I_2$$
$$2Na_2S_2O_3 + I_2 \longrightarrow Na_2S_4O_6 + 2NaI$$

三、仪器与试剂

1. 硫酸锰溶液

溶解480g分析纯硫酸锰（$MnSO_4 \cdot H_2O$）于蒸馏水中，过滤后稀释成1L。此溶液加至酸化过的碘化钾溶液中，遇淀粉不产生蓝色。

2. 碱性碘化钾溶液

取500g氢氧化钠溶解于$300\sim400mL$蒸馏水中。另取150g碘化钾溶解于200mL蒸馏水中。待氢氧化钠溶液冷却后，将上述两种溶液合并，混匀，加蒸馏水稀释至1L。如有沉淀，则放置过夜后，倾出上层清夜，储于棕色瓶中，用橡胶塞塞紧，避光保存。此溶液酸化后，遇淀粉不呈蓝色。

3. 硫代硫酸钠标准溶液

溶解6.2g硫代硫酸钠（$Na_2S_2O_3 \cdot 5H_2O$）于煮沸放冷的蒸馏水中，然后再加入0.2g无水碳酸钠，用水稀释至1000mL，储于棕色瓶中，使用前用0.0250mol/L的重铬酸钾标准溶液滴定。

4. 重铬酸钾标溶液 $[c(1/6K_2Cr_2O_7) = 0.0250mol/L]$

精确称取于$105\sim110℃$干燥2h的分析纯重铬酸钾约1.2258g，溶于蒸馏水中，移入1000mL的容量瓶中，稀释至刻度，摇匀。

5. 硫酸溶液 $[c(1/2H_2SO_4) = 2mol/L]$

6. 淀粉溶液（1%）

称取1g可溶性淀粉，用少量水调成糊状，再用刚煮沸的水稀释至100mL。冷却后，加入0.1g水杨酸和0.4g氯化锌防腐。

7. 使用仪器

滴定分析常用仪器。

四、操作步骤

1. 溶解氧固定

用移液管插入溶解氧瓶的液面下，加入1mL硫酸锰溶液、2mL碱性碘化钾溶液，盖好瓶塞，颠倒混合数次，静置。

2. 游离碘

打开瓶塞，立即用移液管插入液面下加入硫酸至沉淀完全溶解。盖好瓶塞，颠倒混合摇匀，至沉淀物全部溶解，放于暗处静置 5min。

3. 测定

吸取 100.00mL 上述溶液于 250mL 锥形瓶中，用硫代硫酸钠标准溶液滴定至溶液呈淡黄色，加 1mL 淀粉溶液，继续滴定至蓝色刚好褪去，并记录硫代硫酸钠溶液用量。

五、数据记录与处理

1. 标定 $Na_2S_2O_3$ 溶液

检验项目 \ 测定次数	1	2	3
初读数/mL			
末读数/mL			
消耗数/mL			
滴定管体积校正值/mL			
滴定管温度校正值/mL			
实际消耗 $Na_2S_2O_3$ 标液体积/mL			
标准溶液浓度 $c(Na_2S_2O_3)/(mol/L)$			
平均值 $c(Na_2S_2O_3)/(mol/L)$			
相对平均偏差/%			

2. 水中 DO 的测定

检验项目 \ 测定次数	1	2	3
试液体积/mL			
初读数/mL			
末读数/mL			
消耗数/mL			
滴定管体积校正值/mL			
滴定管温度校正值/mL			
实际消耗 $Na_2S_2O_3$ 标液体积/mL			
$c(Na_2S_2O_3)/(mol/L)$			
计算结果(DO)/(mg/L)			
平均值(DO)/(mg/L)			
相对平均偏差/%			
计算公式	$$DO(O_2,mg/L)=\frac{8cV}{V_{水}}\times1000$$ 式中 c——硫代硫酸钠标准溶液的浓度，mol/L; V——滴定消耗硫代硫酸钠标准溶液的体积，mL; $V_{水}$——水样的体积，100mL; 8——氧换算值，g		

六、注意事项

（1）当水样中含有亚硝酸盐时会干扰测定，可加入叠氮化钠使水中的亚硝酸盐分解而消除干扰。其加入方法是预先将叠氮化钠加入碱性碘化钾溶液中。

（2）如水样中含 Fe^{3+} 达 $100\sim200mg/L$ 时，可加入 1mL 40％氟化钾溶液消除干扰。

（3）如水样中含氧化性物质（如游离氯等），应预先加入相当量的硫代硫酸钠去除。

3. 测定氨氮（ HJ 535—2009 ）

氨氮（NH_3-N）以游离氨（NH_3）或铵盐（NH_4^+）形式存在于水中，两者的组成比取决于水的 pH 值和水温。当 pH 值偏高时，游离氨的比例较高。反之，则铵盐的比例高，水

标准扫一扫

M2-8HJ 535—2009

温低则相反。水中氨氮的来源主要为生活污水中含氮有机物受微生物作用的分解产物，某些工业废水，如焦化废水和合成氨化肥厂废水等，以及农田排水。此外，在无氧环境中，水中存在的亚硝酸盐亦可受微生物作用，还原为氨。在有氧环境中，水中氨亦可转变为亚硝酸盐，甚至继续转变为硝酸盐。测定水中各种形态的氮化合物，有助于评价水体被污染和"自净"状况。鱼类对水中氨氮比较敏感，氨氮含量高会导致鱼类死亡。

（1）水样采集与保存　水样采集在聚乙烯瓶或玻璃瓶内，并应尽快分析，必要时可加硫酸将水样酸化至 pH＜2，于 2～5℃下存放。酸化样品应注意防止吸收空气中的氨而玷污。

（2）方法选择　氨氮的测定方法，通常有纳氏试剂比色法、气相分子吸收法、苯酚-次氯酸盐（或水杨酸-次氯酸盐）比色法和电极法等。纳氏试剂比色法具有操作简便、灵敏等特点，水中钙、镁和铁等金属离子、硫化物、醛和酮类、颜色，以及浑浊等均干扰测定，需做相应的预处理。苯酚-次氯酸盐比色法具有灵敏、稳定等优点，干扰情况和消除方法同纳氏试剂比色法。电极法具有通常不需要对水样进行预处理和测量范围宽等优点，但电极的寿命和再现性尚存在一些问题。气相分子吸收法比较简单，使用专用仪器或原子吸收仪都可达到良好的效果。氨氮含量较高时，可采用蒸馏-酸滴定法。

（3）水样的预处理　水样带色或浑浊以及含其他一些干扰物质，会影响氨氮的测定。为此，在分析时需做适当的预处理。对较清洁的水，可采用絮凝沉淀法；对污染严重的水或工业废水，则用蒸馏法消除干扰。

① 絮凝沉淀法　加适量的硫酸锌于水样中，并加氢氧化钠使呈碱性，生成氢氧化锌沉淀，再经过滤除去颜色和浑浊等。

② 蒸馏法　调节水样 pH 为 6.0～7.4 范围，加入适量氧化镁使呈微碱性（也可加入 pH＝9.5 的 $Na_2B_4O_7$-NaOH 缓冲溶液使呈弱碱性进行蒸馏；pH 过高能促使有机氮的水解，导致结果偏高），蒸馏释放出的氨被吸收于硫酸或硼酸溶液中。采用纳氏试剂比色法或酸滴定法时，以硼酸溶液为吸收液；采用水杨酸-次氯酸盐比色法时，则以硫酸溶液作吸收液。

（4）测定方法（纳氏试剂比色法）

① 方法原理　以游离态的氨或铵离子等形式存在的氨氮与纳氏试剂反应生成淡红棕色络合物，该络合物的吸光度与氨氮含量成正比，于波长 420nm 测量吸光度。

② 干扰及消除　水样中含有悬浮物、余氯、钙镁等金属离子、硫化物和有机物时会产生干扰，含有此类物质时要作适当处理，以消除对测定的影响。若样品中存在余氯，可加入

适量的硫代硫酸钠溶液去除，用淀粉-碘化钾试纸检验余氯是否除尽。在显色时加入适量的酒石酸钾钠溶液，可消除钙镁等金属离子的干扰。若水样浑浊或有颜色时可用预蒸馏或絮凝沉淀法处理。

③ 注意事项

a. 纳氏试剂中碘化汞碘化钾的比例，对显色反应的灵敏度有较大影响。静置后生成的沉淀应除去。

b. 滤纸中常含痕量铵盐，使用注意用无氨水洗涤。所用玻璃器皿应避免实验室空气中氨的玷污。

🔧 任务实施

操作 4　氨氮的测定

一、目的要求

1. 掌握絮凝沉淀法的预处理的原理和操作；

2. 掌握纳氏试剂比色法测定氨氮的原理和操作。

二、方法原理

以游离态的氨或铵离子等形式存在的氨氮与纳氏试剂反应生成淡红棕色络合物，该络合物的吸光度与氨氮含量成正比，于波长 420nm 测量吸光度。

当水样体积为 50mL，使用 20nm 比色皿时，本法的检出限为 0.025mg/L（光度法），测定上限为 2.0mg/L，最低检出浓度为 0.10mg/L。水样作适当的预处理后，本法可适用于地表水、地下水、工业废水和生活污水中氨氮的测定。

三、仪器与试剂

1. 分光光度计。

2. 硼酸溶液，20g/L。

3. 纳氏试剂：称取 5.0g 碘化钾溶于约 10mL 水中，边搅拌边分次少量加入氯化汞（$HgCl_2$）结晶粉末（约 2.50g），直到溶液呈深黄色或出现淡红色沉淀溶解缓慢时，改为滴加饱和氯化汞溶液，并充分搅拌，当出现微量朱红色沉淀不再溶解时，停止滴加氯化汞溶液。

另称取 15.0g 氢氧化钾溶于水，并稀释至 50mL，冷却至室温后，将上述溶液徐徐注入氢氧化钾溶液中，用水稀释至 100mL，混匀。暗处静置 24h，将上清液移入聚乙烯瓶中，密塞保存，存放暗处，可稳定一个月。

4. 酒石酸钾钠溶液：称取 50g 酒石酸钾钠（$KNaC_4H_4O_6 \cdot 4H_2O$）溶于 100mL 水中，加热煮沸以除去氨，放冷，定容至 100mL。

5. 氨氮标准储备溶液：1.0mg/mL，称取 3.819g 经 100℃ 干燥过的氯化铵（NH_4Cl）溶于水中，移入 1000mL 容量瓶中，稀释至标线。

6. 氨氮标准工作溶液：0.01mg/mL，移取 5.00mL 铵标准储备液于 500mL 容量瓶中，用水稀释至标线。此标准使用液每毫升含 0.010mg 氨氮。

7. 1mol/L 氢氧化钠溶液。

8. 硫酸锌溶液：10%。

9. 氢氧化钠溶液：25%。

四、操作步骤

1. 水样预处理

取 100mL 水样，加入 1mL10％硫酸锌溶液和 0.1～0.2mL 氢氧化钠溶液，调节 pH 至 10.5 左右，混匀。放置使之沉淀。用经无氨水充分洗涤过的中速滤纸过滤，弃去初滤液 20mL。若水样中含有余氯可在絮凝沉淀前加入适量硫代硫酸钠溶液，用淀粉-碘化钾试纸检验。

2. 标准曲线的绘制

吸取 0、0.50mL、1.00mL、2.00mL、4.00mL、6.00mL、8.00mL 和 10.0mL 铵标准使用液于 50mL 比色管中，加水至标线，加 1.0mL 酒石酸钾钠溶液，混匀。加 1.5mL 纳氏试剂，混匀。放置 10min 后，在波长 420nm 处，用光程 20mm 比色皿，以水为参比，测定吸光度。

由测得的吸光度，减去零浓度空白管的吸光度后，得到校正吸光度，绘制以氨氮含量（mg）对校正吸光度的标准曲线。

3. 水样的测定

(1) 分取适量经絮凝沉淀预处理后的水样（使氨氮含量不超过 0.1mg），加入 50mL 比色管中，稀释至标线，加 0.1mL 酒石酸钾钠溶液。

(2) 分取适量经蒸馏预处理后的馏出液，加入 50mL 比色管中，加一定量 1mol/L 氢氧化钠溶液以中和硼酸，稀释至标线。加 1.5mL 纳氏试剂，混匀。放置 10min 后，同标准曲线步骤测量吸光度。

4. 空白试验：以无氨水代替水样，做全程序空白测定。

五、数据记录与处理

1. 标准曲线的绘制

编号	1	2	3	4	5	6	7	8
移取体积/mL	0	0.50	1.00	2.00	4.00	6.00	8.00	10.00
氨氮/mg								
吸光度								

2. 测定

编号	1	2
移取体积/mL		
吸光度		
氨氮含量/(mg/L)		
氨氮含量的平均值/(mg/L)		
相对平均偏差/％		

4. 测定总磷（GB 11893—89）

在天然水和废水中，磷几乎都以各种磷酸盐的形式存在，它们分为正磷酸盐、缩合磷酸盐（焦磷酸盐、偏磷酸盐和多磷酸盐）和有机结合的磷酸盐，存在于溶液、腐殖质粒子或水生生物中。

天然水中磷酸盐含量较低。化肥、冶炼、合成洗涤剂等行业的工业废水及生活污水中常含有大量的磷。磷是生物生长的必需元素之一。但水体中磷含量过高（超过 0.2mg/L）可造成藻类的过量繁殖，直至数量上达到有害的程度，称为富营养化，导致湖泊、河流透明度降低，水质变坏。

水中磷的测定，通常按其存在的形式，可分为测定总磷、测定可溶性正磷酸盐和测定可溶性总磷酸盐。

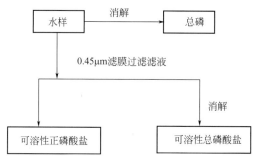

（1）样品的采集和保存　总磷的测定于水样采集后，加硫酸酸化至 pH≤1 保存。可溶性正磷酸盐的测定，不加任何试剂，于 2～5℃冷藏保存，于 24h 内分析。

（2）水样的预处理　采集的水样经 0.45μm 微孔滤膜过滤，其滤液进行可溶性正磷酸盐的测定。滤液经强氧化剂的氧化消解，测得可溶性总磷酸盐。取混合水样（包括悬浮物）经强氧化剂消解，测得水样中总磷含量。

（3）方法原理　在中性条件下用过硫酸钾（或硝酸-高氯酸）使试样消解，将所含磷全部氧化为正磷酸盐。在酸性介质中，正磷酸盐与钼酸铵反应，在锑盐存在下生成磷钼杂多酸后，立即被抗坏血酸还原，生成蓝色络合物。

（4）适用范围　本法适用于地表水、污水和工业废水中总磷的测定。

本法最低检出浓度为 0.01mg/L，测定上限为 0.6mg/L。在酸性条件下，砷、铬、硫干扰测定。

三、监测金属类无机物指标

水体中含有大量无机金属化合物，一般都以金属离子形式存在，按其对人体健康的影响程度分为三类：第一类是人体健康必需的常量元素（K、Na、Ca、Mg）和微量元素（Fe、Mn、Zn、Ni、Cr、Co），缺少了就会生病；第二类是无害元素（Li、B、Ti），尚不知作用；第三类是对人体健康有害的元素（Pb、Cd、Hg、As、Ba）。

在众多金属离子中，毒性较大的有铬、汞、镉、铅、铜等金属离子，是金属化合物监测的重点。金属化合物的监测方法有分光光度法、原子吸收分光光度法、极谱和阳极溶出伏安法以及容量滴定法，根据金属离子的含量、特性及共存干扰离子等选择适当的方法测定。

1. 测定铬

铬的毒性与其存在的价态有关，六价铬比三价铬毒性高 100 倍，并易被人体吸收且在体内蓄积。铬的测定方法有原子吸收分光光度法、二苯碳酰二肼分光光度法、硫酸亚铁铵滴定法、极谱法、气相色谱法、中子活化法、化学发光法。下面主要介绍二苯碳酰二肼分光光度法和硫酸亚铁铵滴定法。

（1）二苯碳酰二肼分光光度法（GB 7467—87）

① 测定六价铬

a. 方法原理　在酸性介质中，六价铬与二苯碳酰二肼（DPC）反应，生成紫红色络合物，于 540nm 波长处测定吸光度，求出水样中六价铬的含量。

方法的最低检出浓度（取 50mL 水样，10mm 比色皿时）为 0.004mg/L，测定上限为 1mg/L。

标准扫一扫

M2-9GB 7467—87

b. 测定　用标准曲线法定量。

c. 适用范围　地表水和工业废水。

d. 注意事项

（a）清洁水样可直接测定。

（b）二价铁、亚硫酸盐、硫代硫酸盐等还原性物质干扰测定时可加显色剂，酸化后显色。

（c）浑浊、色度较深的水样在 pH 为 8～9 条件下，以氢氧化锌作共沉淀剂，此时 Cr^{3+}、Fe^{3+}、Cu^{2+} 均形成氢氧化物沉淀与水样中 Cr^{6+} 分离。

（d）次氯酸盐等氧化性物质干扰测定时，用尿素和亚硝酸钠去除。

（e）显色酸度一般控制在 0.05～0.3mg/L（$1/2H_2SO_4$），0.2mol/L 最好。

（f）水样中的有机物干扰测定时，用酸性 $KMnO_4$ 氧化去除。

② 测定总铬

a. 方法原理　在酸性溶液中，水样中的三价铬用高锰酸钾氧化成六价铬，六价铬与二苯碳酰二肼（DPC）反应，生成紫红色络合物，于 540nm 波长处测定吸光度，求出水样中六价铬的含量。

方法的最低检出浓度（取 50mL 水样，10mm 比色皿时）为 0.004mg/L，测定上限为 1mg/L。

b. 测定　用标准曲线法定量。

c. 适用范围　地表水和工业废水。

d. 注意事项

（a）过量的高锰酸钾用亚硝酸钠分解，过量的亚硝酸钠用尿素分解。

（b）亚硝酸钠可用叠氮化钠代替。

（c）水样中含有大量有机物时，用硝酸-硫酸消解。

🔧 任务实施

操作 5　铬的测定

一、目的要求

1. 掌握六价铬的测定原理和操作；

2. 熟练运用所学知识，采集代表性的水样；

3. 熟练应用分光光度计。

二、方法原理

详细方法原理见任务九　三、1.（1）①测定六价铬部分。

三、仪器与试剂

1. 容量瓶：500mL，1000mL。

2. 分光光度计，比色皿（1cm、3cm）。

3. 50mL 具塞比色管，移液管，容量瓶等。

4. 丙酮。

5. 硫酸溶液：（1+1）硫酸。

6. 磷酸溶液：（1+1）磷酸。

7. 氢氧化钠溶液：4g/L。

8. 氢氧化锌共沉淀剂：称取硫酸锌（$ZnSO_4 \cdot 7H_2O$）8g，溶于 100mL 水中；称取氢氧化钠 2.4g，溶于 120mL 水中；将以上两溶液混合。

9. 高锰酸钾溶液：40g/L。

称取高锰酸钾（KMnO$_4$）4g，在加热和搅拌下溶于水，最后稀释至100mL。

10. 铬标准储备液：称取于110℃干燥2h的重铬酸钾（优级纯）（0.2829±0.0001）g，用水溶解，移入1000mL容量瓶中，用水稀释至标线，摇匀。此溶液含六价铬0.1mg/mL。

11. 铬标准溶液A：吸取5.00mL铬标准储备液于500mL容量瓶中，用水稀释至标线，摇匀。此标准使用液含六价铬1μg/mL。使用当天配制。

12. 铬标准溶液B：吸取25.00mL铬标准储备液于500mL容量瓶中，用水稀释至标线，摇匀。此标准使用液含六价铬5μg/mL。使用当天配制。

13. 尿素溶液：200g/L。

将尿素［(NH$_2$)$_2$CO］20g溶于水并稀释至100mL。

14. 亚硝酸钠溶液：20g/L。

将亚硝酸钠（NaNO$_2$）2g溶于水并稀释至100mL。

15. 显色剂A

称取二苯碳酰二肼（C$_{13}$H$_{14}$N$_4$O，简称DPC）0.2g，溶于50mL丙酮中，加水稀释至100mL，摇匀，储于棕色瓶内，置于冰箱中保存。颜色变深后不能再用。

16. 显色剂B

称取二苯碳酰二肼2g，溶于50mL丙酮中，加水稀释至100mL，摇匀，储于棕色瓶内，置于冰箱中保存。颜色变深后不能再用。

四、操作步骤

1. 采样

用玻璃瓶按采样方法采集具有代表性的水样。采样时，加入NaOH，调节pH值为8。

2. 水样预处理

（1）样品中不含悬浮物、低色度的清洁地表水，可直接进行测定，不需要处理。

（2）色度校正。如果水样有颜色但不深，另取一份试样，加入除显色剂以外的各种试剂，以2mL丙酮代替显色剂，其他步骤同4.，试样测得的吸光度扣除此色度校正吸光度后，再进行计算。

（3）对浑浊、色度较深的试样可用锌盐沉淀分离法进行预处理。取适量试样（含六价铬少于100μg）于150mL烧杯中，加水至50mL。滴加NaOH溶液，调节pH值为7～8。在不断搅拌下，滴加氢氧化锌共沉淀剂至溶液pH值为8～9。将此溶液转移至100mL容量瓶中，用水稀释至标线。用慢速滤纸干过滤，弃去10～20mL初滤液，取其中50.00mL滤液供测定用。

（4）二价铁、亚硫酸盐、硫代硫酸盐等还原物质的消除。取适量样品（含六价铬少于50μg）于50mL比色管中，用水稀释至标线，调节水样pH值至8，加入4mL显色剂B混匀，放置5min后，加入1mL的硫酸溶液摇匀。5～10min之后，在540nm波长处，用10mm或30mm光程的比色皿，以水作参比，测定吸光度。扣除空白试剂测得的吸光度后，从标准曲线查得六价铬含量。用同法作标准曲线。

（5）次氯酸盐等氧化性物质的消除。取适量样品（含六价铬少于50μg）于50mL比色管中，用水稀释至标线，加入0.5mL硫酸溶液、0.5mL磷酸溶液、1.0mL尿素溶液，摇匀逐滴加入1mL亚硝酸钠溶液，边加边摇，以除去过量的亚硝酸钠与尿素反应生成的气泡，以下步骤同4.（免去加硫酸溶液）。

3. 空白试验

按同水样完全相同的上述处理步骤进行空白试验，用50mL水代替试样。

4. 标准曲线的绘制

取 9 支 50mL 比色管，依次加入 0、0.20mL、0.50mL、1.00mL、2.00mL、4.00mL、6.00mL、8.00mL 和 10.00mL 铬标准溶液 A 或铬标准溶液 B，加入 0.5mL 硫酸和 0.5mL 磷酸，摇匀，加入 2mL 显色剂 A，用水稀释至标线，摇匀。于 540nm 波长处，用 1cm 或 3cm 比色皿，以水为参比，测定吸光度并作空白校正。以吸光度为纵坐标，相应六价铬含量为横坐标绘出标准曲线。

5. 测定

取适量（含 Cr^{6+} 少于 50μg）无色透明或经预处理的水样于 50mL 比色管中，用水稀释至标线，加入 0.5mL 硫酸和 0.5mL 磷酸，摇匀；加入 2mL 显色剂 A，摇匀。5～10min 后，于 540nm 波长处，用 1cm 比色皿，以水为参比，测定吸光度并作空白校正。

五、数据记录与处理

1. 标准曲线的吸光度

项目	管号								
	1	2	3	4	5	6	7	8	9
铬标准溶液的体积/mL	0	0.20	0.50	1.00	2.00	4.00	6.00	8.00	10.00
Cr^{6+} 含量/μg	0	1.00	2.50	5.00	10.00	20.00	30.00	40.00	50.00
吸光度 A									

2. 测定

编号	1	2
移取体积/mL		
吸光度 A		
铬含量/(mg/L)		
铬含量的平均值/(mg/L)		
相对平均偏差/%		

（2）硫酸亚铁铵滴定法（GB/T 4702.1—2016）

① 方法原理 在酸性溶液中，以银盐作催化剂，用过硫酸铵将三价铬氧化成六价铬。加入少量氯化钠并煮沸，除去过量的过硫酸铵及反应中产生的氯气。以苯基代邻氨基苯甲酸作指示剂，用硫酸亚铁铵溶液滴定，使六价铬还原为三价铬，溶液呈绿色为终点。根据硫酸亚铁铵溶液的浓度和消耗的体积（同样条件做空白试验），计算出水样中铬的含量。

$$6Fe(NH_4)_2(SO_4)_2 + K_2Cr_2O_7 + 7H_2SO_4 \longrightarrow$$
$$3Fe_2(SO_4)_3 + Cr_2(SO_4)_3 + K_2SO_4 + (NH_4)_2SO_4 + 7H_2O \tag{2-2}$$

② 测定 用滴定分析法定量，求出水样中铬含量。

③ 适用范围 水和污水中高浓度（>1mg/L）总铬的测定。

④ 注意事项

a. 钒对测定有干扰，但一般含铬污水中，钒的含量在允许范围之内。

b. 注意指示剂在测定水样和空白时的用量要保持一致。

c. 应注意掌握加热煮沸时间，若加热煮沸时间不够，过量的过硫酸铵及氯气未除尽，会使结果偏高；若煮沸时间太长，溶液体积小，酸度高，可能使六价铬还原为三价铬，使结果偏低。

2. 测定汞（HJ 597—2011）

汞的测定方法有很多，如硫氰酸盐法、双硫腙法、EDTA 配位滴定法、称量法、冷原子吸收法、冷原子荧光法等等，我们主要介绍冷原子吸收法（测汞仪测汞）。

（1）方法原理　在加热条件下，用高锰酸钾和过硫酸钾在硫酸-硝酸介质中消解样品。消解后的样品中所含汞全部转化为二价汞，用盐酸羟胺将过剩的氧化剂还原，再用氯化亚锡将二价汞还原成金属汞。在室温下通入空气或氮气，将金属汞汽化，载入冷原子吸收汞分析仪，于 253.7nm 波长处测定响应值，汞的含量与响应值成正比。

当取样量为 100mL 时，检出限为 $0.02\mu g/L$，测定下限为 $0.08\mu g/L$。

（2）仪器　冷原子吸收测汞仪，主要由光源、吸收管、试样系统、光电检测系统等主要部件组成。

国内外一些不同类型的测汞仪差别主要在吸收管和试样系统的不同。

（3）测定方法　用 $HgCl_2$ 配制系列汞标准溶液，用标准曲线法定量，求出水样中汞含量。

（4）适用范围　适用于测定地表水、地下水、饮用水、生活污水及工业废水。

（5）注意事项

① 在 H_2SO_4-HCl 和 H_2SO_4-HNO_3 介质条件下。

② 碘离子浓度高于或等于 3.8mg/L 时，明显影响高锰酸钾-过硫酸钾消解法的回收率和精密度。

③ 若有机物含量较大，规定的消解试剂最大用量不足以氧化水样中的有机物时，则本法不适用。

④ 盐酸羟胺过量易使汞丢失（Hg^{2+} 变为 Hg）。

⑤ 使用的仪器、试剂要求无汞、洁净。

⑥ 汞有毒，注意废液的处理。

3. 测定镉、铅、铜（GB 7475—87）

镉是人体必需元素，镉的毒性很大，可在人体蓄积，主要损害肝脏。铅是可在人体和动植物组织中蓄积的有毒金属，主要毒性效应是贫血症、神经机能失调和肾损伤。铜是人体必不可少的元素，过量摄入对人体有害。铜对水生生物毒性很大，毒性与其形态有关，游离铜离子的毒性比络合物的毒性大。

镉、铅、铜元素可用原子吸收分光光度计直接测定或萃取后测定。GB 7475—87 规定，水中镉、铅、铜的测定方法为原子吸收分光光度法，该方法具有快速、干扰少、应用范围广、可在同一试样中测定多种元素的特点。测定时采用直接吸入火焰、萃取或离子交换富集后再吸入火焰或石墨炉原子化等。下面主要介绍直接吸入火焰法。

（1）方法原理　本方法是根据某元素的基态原子对该元素的特征谱线的选择性吸收来进行测定的分析方法，定量依据是朗伯-比尔定律。

将试样或经过消解处理过的样品直接吸入火焰，在火焰中形成的基态原子对特征谱线产生吸收，使入射光强度与透射光强度产生差异，通过测定基态原子的吸光度，确定试样中被测元素的含量。

水样用 HNO_3 和 $HClO_4$ 混合液消解（消解中使用的 $HClO_4$ 有爆炸的危险，整个消解要在通风橱中进行）。

（2）测定方法　测定时，选择与待测元素相对应的空心阴极灯，将仪器调到工作状态。按原子吸收分光光度法用标准曲线或标准加入法测定水样的吸光度，求水样中金属化合物的含量。

（3）注意事项　共存离子在常见浓度下不干扰测定，钙离子浓度高于 1000mg/L 时，对镉测定有干扰。

四、监测有机物指标

1. 测定化学需氧量（HJ 828—2017）

化学需氧量（COD）是指水样在一定条件下，氧化 1L 水样中还原性物质所消耗的氧化剂的量，以氧的 mg/L 来表示。化学需氧量反映了水受还原性物质污染的程度。水中还原性物质包括有机物、亚硝酸盐、亚铁盐、硫化物等。水被有机物污染是很普遍的，化学需氧量是表征水样中有机物相对含量的指标之一。水样的化学需氧量可因加入氧化剂的种类及浓度、反应溶液的酸度、反应温度和时间，以及催化剂的有无而获得不同的结果。因此，化学需氧量也是一个条件性指标，必须严格按操作步骤进行。对废水 COD 的测定，我国规定用重铬酸钾法，也可以用氧化还原电位滴定和库仑滴定等方法。

（1）方法原理　在水样中加入已知量的重铬酸钾溶液，并在强酸介质下以银盐作催化剂，经沸腾回流后，以试亚铁灵为指示剂，用硫酸亚铁铵滴定水样中未被还原的重铬酸钾，由消耗的重铬酸钾的量计算出消耗氧的质量浓度。

（2）干扰及消除　酸性重铬酸钾氧化性很强，可氧化大部分有机物，加入硫酸银作催化剂时，直链脂肪族化合物可完全被氧化，而芳香族有机物却不易被氧化，吡啶不被氧化，挥发性直链脂肪族化合物、苯等有机物存在于蒸气相，不能与氧化剂液体接触，氧化不明显。

本法的主要干扰物为氯化物，可加入硫酸汞溶液去除。经回流后，氯离子可与硫酸汞结合成可溶性的氯汞配合物。硫酸汞溶液的用量可根据水样中氯离子的含量，按质量比 $m(HgSO_4)$：$m(Cl^-) \geqslant 20:1$ 的比例加入，最大加入量为 2mL（按照氯离子最大允许浓度 1000mg/L 计）。水样中氯离子的含量可采用 GB 11896、HJ 506、HJ 828 附录 A 进行测定或粗略判定。

（3）方法的适用范围　用 0.25mol/L 浓度的重铬酸钾溶液可测定大于 50mg/L 的 COD 值，未经稀释水样的测定上限是 700mg/L；用 0.025mol/L 浓度的重铬酸钾溶液可测定 5～50mg/L 的 COD 值，但低于 10mg/L 时测量准确度较差。

（4）注意事项

① 水样取用体积可在 10.00～50.00mL，但试剂用量及浓度需进行相应调整。

② 对于化学需氧量小于 50mg/L 的水样，应改用 0.025mol/L 重铬酸钾标准溶液，回滴时用 0.005mol/L 硫酸亚铁铵标准溶液。

③ 水样加热回流后，溶液中重铬酸钾剩余量应以加入量的 1/5～4/5 为宜。

④ 当 COD 测定结果小于 100mg/L，COD 的测定结果应保留三位有效数字。

⑤ 每次试验时，应对硫酸亚铁铵标准滴定溶液进行标定，室温较高时尤其应注意其浓度的变化。

⑥ 回流冷凝管不能用软质乳胶管，否则容易老化、变形、冷却水不通畅。

⑦ 用手摸冷却水时不能有温感，否则测定结果偏低。

⑧ 滴定时不能激烈摇动锥形瓶，瓶内试液不能溅出水花，否则影响测定结果。

任务实施

操作6 化学需氧量的测定

一、目的要求

1. 掌握化学需氧量（COD）测定原理和操作；

2. 了解回流操作的基本要点；

3. 熟练运用滴定分析法进行测定。

二、方法原理

在强酸性溶液中，用重铬酸钾标准溶液氧化水样中还原性物质（主要是有机物），过量的重铬酸钾以试亚铁灵作指示剂，用硫酸亚铁铵标准溶液回滴，同样条件做空白试验，根据消耗的硫酸亚铁铵标准溶液计算水样的化学需氧量。

反应过程：
$$Cr_2O_7^{2-} + 14H^+ + 6e \longrightarrow 2Cr^{3+} + 7H_2O$$
$$Cr_2O_7^{2-} + 14H^+ + 6Fe^{2+} \longrightarrow 6Fe^{3+} + 2Cr^{3+} + 7H_2O$$
$$6Fe^{2+} + 试亚铁灵 \longrightarrow 红褐色$$

三、仪器与试剂

1. 酸式滴定管：50mL。

2. 回流装置：带有24号标准磨口的250mL锥形瓶的全玻璃回流装置。回流冷凝管的长度为300～500mm。

3. 化学纯试剂：硫酸银、硫酸。

4. 硫酸银-硫酸溶液：向1L硫酸溶液中加入10g硫酸银，放置1～2d使之溶解并均匀，使用前小心摇动。

5. 重铬酸钾标准溶液 $c(1/6K_2Cr_2O_7) = 0.250mol/L$。

将12.258g在105℃下烘干2h的重铬酸钾溶于水中，稀释至1000mL。

6. 硫酸亚铁铵标准滴定溶液 $c[(NH_4)_2Fe(SO_4)_2 \cdot 6H_2O] \approx 0.05mol/L$。

溶解19.5g硫酸亚铁铵于水中，加入10mL浓硫酸，待溶液冷却后稀释至1000mL。

硫酸亚铁铵标准滴定溶液的标定：取5.00mL重铬酸钾标准溶液置于锥形瓶中，用水稀释至约50mL，加入15mL浓硫酸混合，流水冷却后加3滴（约0.15mL）试亚铁灵指示剂，用硫酸亚铁铵滴定，溶液的颜色由黄色经蓝绿色至红褐色，即为终点。记录硫酸亚铁铵标准溶液的用量V（mL），并按下式计算硫酸亚铁铵标准滴定溶液浓度。

$$c[(NH_4)_2Fe(SO_4)_2 \cdot 6H_2O] = 5.00 \times 0.250/V$$

7. 试亚铁灵指示剂。

溶解0.7g七水合硫酸亚铁（$FeSO_4 \cdot 7H_2O$）于50mL的水中，加入1.5g 1,10-菲罗啉，搅拌至中性，加水稀释至100mL。

四、操作步骤

1. 取10.00mL混合均匀的水样（或适量水样稀释至10.00mL）置于250mL磨口的回流锥形瓶中，准确加入5.00mL重铬酸钾标准溶液及数粒小玻璃珠或沸石，硫酸汞溶液按质量比 $m(HgSO_4):m(Cl^-) \geq 20:1$ 的比例加入，最大加入量2mL。连接磨口回流冷凝管，从冷凝管上口慢慢加入15mL硫酸-硫酸银溶液，轻轻摇动锥形瓶使溶液混匀，加热回流2h（自开始沸腾时计时）。

2. 回流冷却后，自冷凝管上端加入45mL水冲洗冷凝管，使溶液体积在70mL左右，取下锥形瓶。

3. 溶液冷却至室温后，加 3 滴 1,10-菲罗啉指示剂，用硫酸亚铁铵标准溶液滴定，溶液的颜色由黄色经蓝绿色至红褐色即为终点，记录硫酸亚铁铵标准溶液的用量 V。

4. 测定水样的同时，取 10.00mL 试剂水代替水样，按同样操作步骤做空白试验。记录滴定空白时硫酸亚铁铵标准溶液的用量 V_0。

五、数据记录与处理

1. 硫酸亚铁铵的标定

检验项目 \ 测定次数	1	2	3
初读数/mL			
末读数/mL			
消耗数/mL			
滴定管体积校正值/mL			
滴定管温度校正值/mL			
$V[(NH_4)_2Fe(SO_4)_2 \cdot 6H_2O]$/mL			
$c[(NH_4)_2Fe(SO_4)_2 \cdot 6H_2O]$/(mol/L)			
$\overline{c}[(NH_4)_2Fe(SO_4)_2 \cdot 6H_2O]$/(mol/L)			
相对平均偏差/%			

2. COD 的测定

检验项目 \ 测定次数	1	2	3
试液体积/mL			
初读数/mL			
末读数/mL			
消耗数/mL			
滴定管体积校正值/mL			
滴定管温度校正值/mL			
$V[(NH_4)_2Fe(SO_4)_2 \cdot 6H_2O]$/mL			
$c[(NH_4)_2Fe(SO_4)_2 \cdot 6H_2O]$/(mol/L)			
COD/(mg/L)			
$\overline{COD}$/(mg/L)			
相对平均偏差/%			
计算公式	$$COD = \frac{c(V_0 - V) \times 8 \times 1000}{V_样} \quad (mg/L)$$ 式中 c——硫酸亚铁铵标准溶液的浓度，mol/L; V_0——空白试验所消耗的硫酸亚铁铵标准溶液的体积，mL; V——水样测定所消耗的硫酸亚铁铵标准溶液的体积，mL; $V_样$——水样的体积，mL; 8——1/4 O_2 的摩尔质量，g/mol		

2. 测定生化需氧量（HJ 505—2009）

生化需氧量（BOD）就是在有溶解氧的条件下，水中有机物在好氧微生物生物化学作用下所消耗的溶解氧的量，以氧的 mg/L 表示，同时包括水样中的硫化物、亚铁等还原性无机物质氧化所消耗的溶解解氧的量（这部分通常占很小比例）。水体发生生物化学过程的必备条件是好氧微生物、足够的溶解氧、能被微生物利用的营养物质。

有机物在微生物作用下好氧分解大体上分为两个阶段：①含碳物质氧化阶段，主要是含碳有机物氧化为二氧化碳和水；②硝化阶段，主要是含氮有机化合物在硝化菌的作用下分解为亚硝酸盐和硝酸盐。两个阶段分主次同时进行，硝化阶段在 5～7d 甚至 10d 后才显著进行。故目前常用 20℃ 五天培养法（BOD_5 法）测定 BOD 值，其测定的消耗氧量称为五日生化需氧量，即 BOD_5，一般不包括硝化阶段。

BOD 是反映水体被有机物污染程度的综合指标，也是研究废水的可生化降解性和生化处理效果，以及生化处理废水工艺设计和动力学研究的重要参数。

（1）五天培养法

① 方法原理　对于污染轻的水样，取两份，一份测其当时的 DO，另一份在（20±1）℃下培养 5d 再测 DO，两者之差即为 BOD_5。对大多数污水来说，为保证水体生物化学过程所必需的条件，测定时需按估计的污染程度适当地加特制的水稀释，然后取稀释后的水样两份，一份测其当时的 DO，另一份在（20±1）℃下培养 5d 再测 DO，根据测定稀释水在培养前后的 DO，按公式计算 BOD_5 值。

② 测定　与测定 DO 方法相同，用碘量法测水样中的 BOD_5 值。

③ 数据处理

a. 对不经稀释直接培养的水样：

$$BOD_5(mg/L) = c_1 - c_2 \qquad (2-3)$$

式中　c_1——水样在培养前溶解氧的质量浓度，mg/L；

c_2——经过 5d 的培养，剩余溶解氧的质量浓度，mg/L。

b. 对稀释后培养的水样：

$$BOD_5(mg/L) = \frac{(c_1 - c_2) - (b_1 - b_2)f_1}{f_2} \qquad (2-4)$$

式中　b_1——稀释水（或接种稀释水）在培养前溶解氧的质量浓度，mg/L；

b_2——稀释水（或接种稀释水）在培养后溶解氧的质量浓度，mg/L；

f_1——稀释水（或接种稀释水）在培养液中所占比例；

f_2——水样在培养液中所占比例。

④ 适用范围　水样 BOD_5 大于或等于 2mg/L，最大不超过 6000mg/L 的水样；大于 6000mg/L，会因稀释带来一定的误差。

⑤ 注意事项

a. 稀释水：上述特制的、用于稀释水样的水通称为稀释水。它是专门为满足水体生物化学过程的三个条件而配制的。配制时，取一定体积的蒸馏水，加氯化钙、氯化铁、硫酸镁等用于微生物繁殖的营养物，用磷酸盐缓冲液调 pH 值至 7.2，充分曝气，使溶解氧近饱和，达 8mg/L 以上。稀释水的 pH 值应为 7.2，BOD_5 必须小于 0.2mg/L，稀释水可在 20℃ 左右保存。

b. 接种液：可选择以下任一方法，以获得适用的接种液。

（a）城市污水，一般采用生活污水，在室温下放置一昼夜，取上清液供用。

（b）表层土壤浸出液，取 100g 花园或动植物生长土壤加入 1L 水，混合并静置 10min，取上清液供用。

（c）含城市污水的河水或湖水。

（d）污水处理厂的出水。

（e）对于某些含有不易被一般微生物分解有机物的工业废水，需要进行微生物的驯化。这种驯化的微生物种群最好从接种污水的水体中取得。为此可以在排水口以下 2～8km 处取得水样，经培养接种到稀释水中；也可以用人工方法驯化，采用一定量的生活污水，每天加入一定量的待测污水，连续曝气培养，直至培养成含有可分解污水中有机物的种群为止。

c. 接种稀释水：分别取适量接种液，加入稀释水中，混匀。每升稀释水中接种液加入量为生活污水 1～10mL，或表层土壤浸出液 20～30mL，或河水、湖水 10～100mL。接种稀释水的 pH 值应为 7.2，BOD$_5$ 值以 0.3～1.0mg/L 为宜。接种稀释水配制后应立即使用。

d. 为检查稀释水和微生物是否适宜以及化验人员的操作水平，将每升含葡萄糖和谷氨酸各 150mg 的标准溶液以 1:50 的比例稀释后，与水样同步测定 BOD，测得值应在 180～230mg/L，否则，应检查原因，予以纠正。

e. 水样的稀释：水样的稀释倍数主要是根据水样中有机物含量和分析人员的实践经验来进行估算的。

f. 水样含有铜、铅、锌、铬、镉、砷、氰等有毒物质时，对微生物活性有抑制，可使用驯化微生物接种的稀释水，或提高稀释倍数，以减小毒物的影响。

g. 如含少量氯，一般放置 1～2h 可自行消失，对游离氯短时间不能消散的水样，可加入亚硫酸钠去除。

（2）其他方法　有检压库仑式 BOD 测定仪、测压法、微生物电极法等。目前测定 BOD 值常用 BOD 测定仪，其具有操作简单、重现性好，并可直接读取 BOD 值的优点。

3. 测定高锰酸盐指数（GB 11892—1989）

高锰酸盐指数是反映水体中有机及无机可氧化物质污染的常用指标。定义为：以高锰酸钾为氧化剂氧化水样中的还原性物质所消耗的氧化剂的量称为高锰酸盐指数，以氧的 mg/L 来表示。高锰酸盐指数不能作为理论需氧量或总有机物含量的指标，因为在规定的条件下，许多有机物只能部分地被氧化，易挥发的有机物也不包含在测定值之内。高锰酸盐指数测定分为酸性和碱性两种条件，分别适用于不同的水样。对于清洁的地表水和被污染的水体中氯离子含量低于 300mg/L 的水样，通常采用酸性高锰酸钾法；对于含氯量高于 300mg/L 的水样，应采用碱性高锰酸钾法。因为在碱性条件下高锰酸钾的氧化能力比较弱，此时不能氧化水中的氯离子，使测定结果能较为准确地反映水样中有机物的污染程度。国际标准化组织（ISO）建议高锰酸盐指数仅限于测定地表水、饮用水和生活污水。

（1）酸性法

① 方法原理　样品中加入已知量的高锰酸钾和硫酸，在沸水浴中加热 30min，高锰酸钾将样品中的某些有机物和无机还原性物质氧化，反应后加入过量的草酸钠还原剩余的高锰酸钾，再用高锰酸钾标准溶液回滴过量的草酸钠。通过计算得到样品的高锰酸盐指数。

② 结果计算

a. 水样不经稀释

$$高锰酸钾盐指数(O_2, mg/L) = \frac{[(10+V_1)K-10] \times M \times 1000 \times 8}{100} \tag{2-5}$$

式中　V_1——滴定水样时，草酸钠溶液的消耗量，mL；

$\quad\quad K$——校正系数；

$\quad\quad M$——高锰酸钾溶液浓度，mol/L；

$\quad\quad 8$——氧（1/2O）的摩尔质量，g/mol。

b. 水样经稀释

$$\text{高锰酸钾盐指数}(O_2,\text{mg/L}) = \frac{\{[(10+V_1)K-10]-[(10+V_0)K-10]\times c\}\times M \times 1000 \times 8}{V_2}$$

(2-6)

式中　V_0——空白试验中高锰酸钾溶液消耗量，mL；

　　　V_2——分取水样量，mL；

　　　c——稀释水样中含水的比值，例如：10.0mL 水样用 90mL 水稀释至 100mL，则 $c=0.90$。

③ 注意事项

a. 控制滴定溶液的温度在 70～80℃。因为温度过低反应较慢，而温度高于 90℃又引起 $H_2C_2O_4$ 的分解。

b. 控制酸度，开始一般为 0.5～1mol/L，接近终点时酸度约为 0.2～0.5mol/L。因为酸度过低 MnO_4^- 会被还原为 MnO_2，反之会促使 $H_2C_2O_4$ 分解。

c. 在水浴中加热完毕，溶液应保持淡红色，若颜色变浅或全部褪去，说明 $KMnO_4$ 用量不够。此时应另取水样加水稀释，重新测定。

d. 滴定速度应先慢后快，至溶液呈粉红色且半分钟内不褪色，即可认为已到达终点。

e. 该方法适用于饮用水、水源水和地表水的测定（不适用于测定工业废水中有机污染的负荷量，如需测定，可用重铬酸钾法测定化学需氧量），测定范围为 0.5～4.5mg/L。对污染较重的水，可少取水样，经适当稀释后测定。当氯离子浓度高于 300mg/L 时，可采用在碱性介质中氧化的测定方法（GB 11892—89 附录 A 碱性高锰酸钾氧化法）。

（2）碱性法

① 方法原理　在碱性溶液中，加一定量高锰酸钾溶液于水样中，加热一定时间以氧化水中的还原性无机物和部分有机物。加酸酸化后，用草酸钠溶液还原剩余的高锰酸钾并加入过量，再以高锰酸钾溶液滴定至微红色。

② 注意事项　高锰酸钾溶液校正系数的测定与酸性法相同。

4. 测定挥发酚

酚类为原生质毒物，属高毒类物质，在人体富集时人会头痛、贫血，水中酚浓度达 5g/L 时，水生生物中毒。

根据酚的沸点、挥发性和能否与水蒸气一起蒸出，分为挥发酚（沸点在 230℃以下，一半为一元酚）与不挥发酚（沸点在 230℃以上）。酚类污染物主要来自炼油厂、洗煤厂和炼焦厂等。

挥发酚类的测定方法有容量法、分光光度法、色谱法等。尤以 4-氨基安替比林分光光度法应用最广，对高浓度含酚废水可采用溴量法。无论哪种方法，当水样中存在氧化剂、还原剂、油类及某些金属离子时，均应设法消除并进行预处理。

（1）水样的预处理　水样预蒸馏的目的是分离出挥发酚及消除颜色、浑浊和金属离子的干扰。当水样中含有氧化剂、还原剂、油类等干扰物质时，应在蒸馏前去除。

量取 250mL 水样于蒸馏烧瓶中，加 2 滴甲基橙溶液，用磷酸溶液将水样调至橙红色（pH=4），加入 5mL 硫酸铜（采样未加时），加入数粒玻璃珠，以 250mL 量筒收集馏出液，加热蒸馏，等馏出 225mL 以上，停止蒸馏。液面静止后加入 25mL 水，继续蒸馏到馏出液为 250mL 为止。

（2）溴量法（HJ 502—2009）

① 方法原理　取一定量水样，加入溴酸钾和 KBr，再加入碘化钾溶液，以淀粉为指示剂，用硫代硫酸钠标准溶液滴定生成的碘，同时做空白试验。根据硫代硫酸钠标准溶液消耗的体积计算出以苯酚计的挥发酚含量。在含过量溴（由溴酸钾和 KBr 产生）的溶液中，酚

与溴反应生成三溴酚，进一步生成溴代三溴酚。剩余的溴与 KI 作用放出游离碘，与此同时，溴代三溴酚也与 KI 反应生成游离碘，用硫代硫酸钠标准溶液滴定释出的游离碘，并根据其耗量，计算出以苯酚计的挥发酚含量。

② 数据处理 挥发酚（以苯酚计，mg/L）$= \dfrac{(V_0 - V) \times c \div 15.68 \times 1000}{V_{样}}$ (2-7)

式中 c——$Na_2S_2O_3$ 标准溶液的浓度，mol/L；

V——水样滴定时 $Na_2S_2O_3$ 标液消耗的体积，mL；

V_0——空白滴定时 $Na_2S_2O_3$ 标液消耗的体积，mL；

$V_{样}$——水样的体积，mL；

15.68——苯酚（1/6 C_6H_5OH）摩尔质量，g/mol。

③ 适用范围 含酚浓度较高的各种污水，尤其适用于车间排污口或未经处理的总排污口废水。

(3) 4-氨基安替比林分光光度法（HJ 503—2009）

① 方法原理 酚类化合物在 pH$=10\pm0.2$ 和铁氰化钾的存在下，与 4-氨基安替比林反应，生成橙红色的吲哚安替比林染料，于波长 510nm 处测定吸光度（若用氯仿萃取此染料，有色溶液可稳定 3h，可于波长 460nm 处测定吸光度），求出水样中挥发酚的含量。

该法的最低检出浓度（用 20mm 比色皿时）为 0.1mg/L，萃取后，用 30mm 比色皿时，最低检出浓度为 0.002mg/L，测定上限为 0.12mg/L。

② 测定 用目视比色法或分光光度法定量测定水样中挥发酚的含量。

③ 适用范围 适用于各类污水中酚含量的测定。

④ 注意事项

a. 此法测定的不是总酚，因为显色反应受酚环上取代基的种类、位置、数目的影响。羟基对位的取代基可阻止反应的进行，但卤素、羧基、磺酸基、羟基和甲氧基除外；邻位的硝基阻止反应，而间位的硝基不完全地阻止反应；氨基安替比林与酚的偶合在对位较邻位多见；当对位被烷基、芳基、酯、硝基、苯酰基、亚硝基或醛基取代，而邻位未被取代时，不呈现颜色反应。

b. 水样中含挥发性酸时，可使馏出液 pH 值降低，此时应在馏出液中加入氨水，呈中性后再加入缓冲溶液。

💡 知识拓展

要对水体污染科学、全面、综合地分析评价，仅对水体的物理和化学指标监测是不完善的，还要对水体中的水生生物进行监测获取生物指标。水环境中存在大量的水生生物，它们与水体共同组成了一个水生生物群落，各种水生生物之间以及水生生物与水环境之间存在着互相依存又互相制约的密切关系。当水体受到污染而使水环境改变时，由于不同的水生生物对环境的要求和适应能力不同，就会产生不同的反应，根据水体中水生生物的种群数量和个体数量的变化就能判断水体污染的类型和程度。这就是生物学水质监测方法的工作原理。

💡 想一想

1. 环境监测报告有怎样的作用？

2. 每份监测报告应该具备哪些基本信息？

任务十 撰写监测报告

参考监测报告模板表 2-16，撰写监测报告。所有项目的监测报告都可以参照此模板，后面就不再赘述。

表 2-16 监测报告模板

监测项目					日期	
班级		组别		姓名	地点	

监测任务

方法原理

仪器与试剂

操作步骤

数据记录与处理

结论分析

💡 **想一想**

1. 水质综合评价的依据是什么？
2. 地表水与工业废水水质评价的依据是否一样？

任务十一 综合评价

水与废水监测综合评价参照相关标准进行，得出结论。

重要提示：标准需要体现先进性与技术进步性，所有标准文献都有可能进行修订、作废、替代等。所以不再专门对标准进行全文编入教材，而是培养学生获取标准、解读标准、引用标准的能力。以下标准涉及常见指标监测方法，在使用前务必在中国标准服务网和中华人民共和国生态环境部的网上查证是否是最新版本，引用时一定引用最新的。

附件 1：地表水环境质量标准	附件 2：地下水质量标准	附件 3：农田灌溉水质标准（修）	附件 4：生活饮用水卫生标准
GB 3838—2002	GB/T 14848—2017	GB 5084—2005	GB 5749—2006

M2-12GB 3838—2002 ｜ M2-13GB/T 14848—2017 ｜ M2-14GB 5084—2005 ｜ M2-15GB 5749—2006

附件 5：污水排入城市下水道水质标准	附件 6：污水综合排放标准	附件 7：城镇污水处理厂污染物排放标准	附件 8：畜禽养殖业污染物排放标准
CJ 343—2010	GB 8978—1996	GB 18918—2002	GB 18596—2001

M2-16CJ 343—2010 ｜ M2-17GB 8978—1996 ｜ M2-18GB 18918—2002 ｜ M2-19GB 18596—2001

项目小结

1. 水体污染主要为人为原因造成的，产生的污染类型主要有水体感官性污染、水体有机污染、水体无机污染、水体有毒物质污染、水体富营养化污染、水体油污染、水体热污染、水体病原微生物污染及水体放射性污染。

2. 在进行地表水采样前对采样对象要做好基础资料收集，必要时要进行现场勘查，根据国家《地表水和污水监测技术规范》（HJ/T 91—2002）中的相关规定进行监测指标的选取，确定采样时间和采样频率，按最新的国家分析方法标准进行分析。

3. 河流采样点的设置按照"面—线—点"的方式进行。根据两岸情况设置采样断面，根据断面宽度设置采样垂线，根据河流深度设置采样点。湖泊采样点的设置可参照河流采样点的设置进行，但特别要注意水温的变化。污废水的第一类污染物采样点位一律设在车间或车间处理设施的排放口或专门处理此类污染物设施的排放口，第二类污染物采样点位一律设在排污单位的外排口。为了比对处理设施的处理效果，要对废水的进出口进行采样分析。

4. 水样采集前要做好相应的准备，主要包括：采样人员的分配和采样容器的准备，做好现场记录，贴好采样标签。采样后应尽可能较快分析，若不能及时分析，要根据水样测定指标的特点选择适合的保存方法，保存方法主要有冷藏或冷冻、加入化学试剂保存、加入氧化剂保存。保存的时间不宜过长。

5. 对某些组分含量极低或成分复杂的水样，尤其是污废水分析时，采集的水样应根据实际情况选择适合的预处理方法，常见预处理有水样的消解、富集与蒸馏。具体可参见每个指标的分析方法标准。

6. 水质监测主要包括物理性质监测、无机化合物监测、有机化合物监测等几大类。

练一练测一测

一、填空题

1. 环境监测所涉及的水体对象分为_____、_____、_____、_____。地表水又分为_____、_____、_____、_____、_____等。

2. 水体污染的类型主要是_____、_____、_____三类。

3. 水体监测的物理指标主要有_____、_____、_____、_____、_____、_____、_____、_____。

4. 水体监测的无机物指标有____、____、____、____、____、____。

5. 水体监测的有机物指标有_____、_____、_____、_____。

6. 属于综合性指标的有_____、_____、_____。

7. 水监测需要现场监测的有_____、_____、_____、_____、_____等。

二、选择题

1. 当 100m＜水宽＜1000m 时，在一个监测断面上设置采样垂线数是（　　）条。

A. 5　　　　　　　　B. 2　　　　　　　　C. 3　　　　　　　　D. 4

2. 测硬度时，每升水样应加入 2mL（　　）作保存剂，使水样 pH 降至（　　）左右。

A. NaOH，12　　　B. KOH，9　　　C. 浓硝酸，1.5　　　D. 浓硫酸，2

3. 饮用水水源地、省（自治区、直辖市）交界断面中需要重点控制的监测断面采样频次为（　　）。

A. 逢单月一次　　　B. 每年至少一次　　　C. 逢双月一次　　　D. 每月至少一次

4. 引起水体富营养化的元素是（　　）。

A. N 和 P　　　B. C 和 S　　　C. C 和 P　　　D. N 和 S

5. 如果采集的降水被冻或者含有雪或雹之类，可将全套设备移到高于（　　）℃的低温环境解冻。

A. 5　　　　　　　B. 0　　　　　　　C. 10　　　　　　　D. 20

6. 在地下水质监测采样点的设置上应以（　　）为主。

A. 泉水　　　B. 浅层地下水　　　C. 深层地下水　　　D. 第四纪

7. 生物作用会对水样中待测的项目如（　　）的浓度产生影响。

A. 含氮化合物　　　B. 硫化物　　　C. 氰化物　　　D. 矿物质

8. 测定某化工厂的汞含量，其取样点应是（　　）。

A. 工厂总排污口　　　　　　　　　　B. 车间排污口

C. 简易汞回收装置排污口　　　　　　D. 取样方便的地方

9. 对流速和待测污染物浓度都有明显变化的流动水，精确的采样方法是（　　）。

A. 在固定时间间隔下采集周期样品

B. 在固定排放量间隔下采集周期样品

C. 在固定流速下采集连续样品

D. 在可变流速下采集的流量比例混合样品

10. 下列属于第一类污染物的是（　　）。

A. 总汞　　　　　　　B. 总铬　　　　　　　C. 总镉

D. 总磷　　　　　　　E. 总氮

11. 测定六价铬的水样需加（　　）保存。

A. HCl　　　　　　　B. HNO_3　　　　　　C. H_2SO_4　　　　　　D. NaOH

12. COD 是指示水体中（　　）的主要污染指标。

A. 氧含量　　　　　　　　　　　　　B. 营养物质量

C. 有机物质量　　　　　　　　　　　D. 可氧化有机物及还原性无机物质量

13. 总铬测定的前处理时，试剂的加入顺序为（　　）。

A. $KMnO_4$—$NaNO_2$—$CO(NH_2)_2$　　　　B. $CO(NH_2)_2$—$NaNO_2$—$KMnO_4$

C. $NaNO_2$—$KMnO_4$—$CO(NH_2)_2$　　　　D. $KMnO_4$—$CO(NH_2)_2$—$NaNO_2$

14. 测定重金属的水样，通常加入（　　）作为保存剂。

A. 硝酸　　　　　　　B. 硫酸　　　　　　　C. 盐酸　　　　　　　D. 磷酸

项目三
大气与废气监测

 项目引导

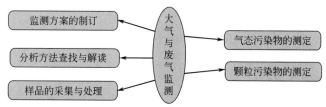

大气污染监测工作主要包括三方面：一是环境空气监测，监测对象主要是环境空气；二是室内空气污染及其监测；三是污染源的监测，如烟道、烟囱、汽车排气口的监测。

项目三将结合大气与废气监测的特点，讨论颗粒状污染物、气态污染物、室内空气污染物以及污染源监测的方案制订、采样方法、监测设备，以达到能熟练、正确地对常见大气污染物进行监测分析的目的。

想一想

1. 什么是大气污染？大气污染物的种类有哪些？
2. 你所在校园环境中大气污染排放源有哪些？污染特点有哪些？
3. 什么是空气污染指数？
4. 大气监测包括的类型有哪些？
5. 环境空气质量监测的技术路线有哪些？
6. 我国污染源监测包括哪些类别？
7. 遥感遥测在环境空气监测中的应用有哪些体现？

任务一　阅读项目任务单

任务要求

1. 认识大气污染物的种类及存在状态。
2. 了解不同类型的大气与废气监测方法。

　　各小组阅读表 3-1，根据自己的兴趣爱好从表中选择一个监测任务作为本项目的监测任务，要求在规定时间内完成监测任务，撰写一份监测报告。

表 3-1　空气与废气监测任务单

项目名称	监测指标			
校园空气质量监测	二氧化硫	二氧化氮	TSP	某实验室甲醛监测
校园污染源监测	二氧化硫	二氧化氮	TSP	氨
校园室内空气监测	甲醛	二氧化硫	放射性氡	TVOC 监测
校园交通污染监测	二氧化硫	二氧化氮	氮氧化物	氨
学院实验室废气监测	二氧化硫	氨	二氧化氮	甲醛

一、大气污染物种类

　　大气污染物有数千种，已发现有危害作用并被人们关注的有一百多种，其中大部分是有机物。污染物按照不同的分类标准有多种分类形式，由于大气污染是大气中的污染物或由它转化成的二次污染物的浓度达到了有害程度所引发的，我们可以将大气污染物分为一次污染物和二次污染物。

　　一次污染物是由污染源直接排入环境，其物理和化学性状未发生变化的污染物，又称原发性污染物。常见的一次污染物有大气中的 SO_2、NO_x、CO、HC、氟利昂、颗粒物等。由一次污染物造成的环境污染，称为一次污染。

　　二次污染物是指排入环境中的一次污染物在物理、化学因素或生物的作用下发生变化，或与环境中的其他物质发生反应所形成的物理、化学性状与一次污染物不同的新污染物，又称继发性污染物。如一次污染物 SO_2 在空气中氧化成的硫酸盐气溶胶，汽车排气中的碳氢化合物、NO_x 在日光照射下发生光化学反应生成的臭氧、过氧乙酰硝酸酯（PAN）、甲醛和酮类等二次污染物。二次污染物的形成机制复杂，其危害程度一般比一次污染物严重。由二次污染物造成的环境污染，称为二次污染。

二、大气污染物的存在状态

　　大气中污染物质的存在状态由其自身的物理、化学性质及形成过程决定，气象条件也起一定作用。一般将它们分为分子状态污染物和粒子状态污染物。

　　1. 粒子状态污染物

　　粒子状态的污染物是由微小的固体颗粒、液体颗粒或液体和固体颗粒悬浮于气体介质中所形成的非均匀体系，粒径多在 $0.01\sim100\mu m$ 之间。根据颗粒物的自由沉降特性将其分为粒径大于 $10\mu m$ 能很快沉降到地面的降尘和粒径小于 $10\mu m$ 长期漂浮在大气中的飘尘。

　　飘尘能长驱直入进入人体，侵蚀人体肺泡，以碰撞、扩散、沉积等方式滞留在呼吸道不同的部位，粒径小于 $5\mu m$ 的多滞留在上呼吸道，对人体健康危害大，因此也称为可吸入颗粒物（PM_{10}）。飘尘具有胶体性质，故又被称为气溶胶。通常用烟、雾、灰尘来描述飘尘的存在形式。

　　"烟，火气也。"是物品中某些物质燃烧时由于蒸发或升华作用变成气体逸散于大气中，遇冷后又凝聚成微小的固体颗粒悬浮于大气所构成的。烟的粒径一般在 $0.01\sim1\mu m$ 之间。

　　雾是大气中悬浮的水汽凝结成的气溶胶，按其形成方式可分为分散型气溶胶和凝聚型气溶胶。雾的粒径一般在 $10\mu m$ 以下。

　　烟雾是由烟和雾共同构成的固液混合态气溶胶。例如由汽车、工厂等污染源排入大气的碳氢化合物（HC）和氮氧化物（NO_x）等一次污染物，在阳光的作用下发生化学反应，生成臭氧（O_3）、醛、酮、酸、过氧乙酰硝酸酯（PAN）等二次污染物，参与光化学反应过程的一次污染物和二次污染物的混合物形成光化学烟雾。

2. 分子状态污染物

分子状态的污染物包括气体分子和蒸气分子。气体分子是指常温常压下以气体形式分散到空气当中的污染物质，常见的如 SO_2、NO_x、CO、氯化氢、氯气、臭氧等。蒸气分子是指常温常压下的液体或者固体，由于沸点或熔点低，挥发性大，而能以蒸气态挥发到空气中的物质，如苯、苯酚、汞等。

分子态污染物运动速度较大，扩散快，并能在空气中均匀分布。其扩散情况与自身密度有关，如汞蒸气这类密度大的污染物向下沉，而密度小的向上飘浮，并受温度和气流的影响，随气流扩散到很远的地方，因而能够污染的范围也非常大。

三、大气监测的目的和作用

不同的监测口有不同的监测方案，我们要研究一个地区或全国环境空气质量的长期变化趋势，检验我们采取的政策措施的效果，就需要在相应地区设立常规监测网，开展环境空气质量监测。为了在重点城市开展空气质量日报和预报，保证监测数据的代表性和时效性，就必须建立空气质量自动监测系统，开展对 PM_{10}、$PM_{2.5}$、SO_2、NO_2、O_3、CO 等气象参数的监测。要进行污染源调查研究，或对污染源排放浓度进行达标监测，或对空气中 PM_{10} 的来源解析，则要根据监测目的来进行布点、采样，选择监测的项目、方法和频次，以及监测数据要达到的质量目标。

1. 空气质量监测

现在有三种技术方法进行空气质量监测。

（1）瞬时采样法　在全国开始空气质量监测时，由于缺乏必要的装备和条件，每个季度只开展 5 日采样监测，项目主要为 SO_2、NO_2 和 TSP，每日分早、中、晚各采样 30min 或 1h。后来发现这种方法时间表达性太差，不能全面反映空气质量变化规律，已经淘汰。现在一些欠发达地区仍在使用的，应创造条件用 24h 连续采样方法代替。

（2）24h 连续采样-实验室分析法　24h 连续采样才能真实代表日均值浓度，根据项目的不同，在均匀间隔的日期进行采样，TSP、PM_{10}、Pb 至少一年有分布均匀的 60 个日均值，每月有分布均匀的 5 个日均值。SO_2、NO_x、NO_2 至少一年有分布均匀的 144 个日均值，每月有分布均匀的 12 个日均值。经过多年研究这样测得的一个监测点污染物的年日均值，与自动站的年日平均值相比，其相对偏差在 10％以内。

测定方法：颗粒物用滤膜采样称重法，SO_2、NO_x、NO 用吸收液和分光光度测定法。

（3）空气质量自动监测系统

① 监测项目　PM_{10}、SO_2、NO_2、O_3、CO、湿度、温度、风向、风速等，有的还配有挥发性有机物自动监测仪、降水自动采样器或监测仪。

② 监测技术方法。

a. 湿化学法：如 SO_2 经 H_2O_2 溶液吸收后通过测定电导率变化来间接测定 SO_2。这类方法的装置较便宜，但故障率高，维护工作量大，现已很少使用。

b. 传统光学方法：指那些用的较早较成熟的光学方法，如 SO_2 用紫外荧光法，NO_x（NO、NO_2）用化学发光法，CO 用非分散红外吸收法（NDIR），O_3 用紫外吸收法等，我国大多数城市采用了这些方法。

c. DOAS 系统方法：即长光程差分光谱法，可在 100～1000m 距离范围内测定在一条线上的污染物的浓度。光谱扫描范围为 180～600nm，用计算机对在这个范围内有特征吸收的污染物进行定量，并对干扰进行计算校正，可同时测定多种成分如 SO_2、NO、NO_2、O_3、NH_3、苯、甲苯、二甲苯、甲醛等。

PM_{10} 多用 β 射线吸收法或石英振荡天平进行自动监测。

要进行城市空气质量的预测、预报就必须建立空气质量自动监测系统,根据气象条件变化趋势,对城市空气污染物进行预报。

2. 污染源监测

根据污染源特点的不同可分为以下几种:

(1) 固定源　燃煤燃油的锅炉、窑炉以及石油化工、冶金、建材等生产过程中产生的废气通过排气筒向空气中排放的污染源叫固定源。

① 常规监测项目:烟尘、粉尘、SO_2、NO、CO 以及过剩空气系数、压力、流速、烟气含湿量、温度等参数。

② 特殊监测项目:要针对固定源排放的特殊污染物进行监测,如石化行业排放的 VOCs、苯、丙酮等,又如化工生产排放的 H_2SO_4 雾、HCl、Cl_2 等。

③ 监测方法与频次:根据需要而定,一般污染源可采用年审监测或抽测的方式,即一年不定期抽测几次,对于一些大型固定源可安装在线连续监测系统。

(2) 无组织排放源　生产装置在生产过程中产生的废气和污染物直接向外排放,即不通过排气筒无规则排放的污染源,叫无组织排放源。应在车间或厂房外的上风向设对照点,在下风向,按扇形面布设采样点,进行监测,以监测到的最高浓度作为评价依据,可采用空气质量和固定源相应的方法进行监测。

(3) 流动源　机动车辆、轮船和飞机等属于流动性污染源。目前机动车尾气监测开展得较多。机动车包括汽油车、柴油车、摩托车,其监测项目有:

汽油车:怠速法。CO 用非色散红外仪、HC 用氢火焰离子化气相色谱仪、NO 用化学发光法或紫外吸收法测定。

柴油车:烟度用滤纸烟度法测定。

(4) 恶臭气体　恶臭气体排放标准规定的有八种物质:氨气、三甲胺、CS_2、硫化氢、硫醇、硫醚、二硫二甲、苯乙烯。是由一些工业企业、城市垃圾、畜禽养殖场粪便、下水道的厌氧分解产生的。恶臭气体既有无组织排放,也有固定源排放。恶臭气体的监测方法如下。

① 三点比较式臭袋法　是通过人的鼻子(标准鼻子用标准臭袋检查)嗅臭,按照臭气浓度分为五级:0 级,无臭味;一级,勉强感到臭味;二级,感到较弱的臭味;三级,感到明显臭味;四级,较强烈臭味;五级,强烈的臭味。

② 化学分析方法　苯乙烯、三甲胺用气相色谱法(FID 检测),硫化物用 GC/FP 法,NH_3 和 H_2S、CS_2 也可用采样吸收显色,用分光光度法完成测定。

3. 污染事故监测

污染事故的防治应以“预防为主”的原则,对那些有污染事故隐患的地方进行检漏监测。如对 Cl_2、CO、H_2S、煤气、石油、天然气泄漏进行监测或在相应的位置安装报警监测仪。一旦发现泄漏,立刻采取措施以避免事故的发生。如果事故发生了,即要对污染物的种类、浓度、污染范围进行监测,以便为事故处理提供依据。一般来说,事故前、事故中的监测可采用便捷式快速检测仪(如 SO_2 检测仪、CO 检测仪、H_2S 检测仪、Cl_2 检测仪、可燃气体检测仪等)和快速检测管(SO_2、CO、H_2S、Cl_2、苯等)进行监测,因此不需要高灵敏度的仪器。对一些复杂的成分要用现场采样、实验室分析的方法相配合。对于事故之后的检查或评价,主要用现场采样、实验室分析的方法。

4. 室内空气监测

室内空气污染日益引起人们重视。有两类室内空气污染问题:一类是人们居室的污染,另一类是工作场所、工作车间内产生的有害物质污染。因室内污染主要是颗粒物、SO_2、NO_2、CO、CO_2、挥发性有机物如苯系物、甲醛及醛酮类的污染,可用环境空气监测的方法进行采样分析，也可采用被动式采样器进行监测，对于生产车间可根据车间内可能存在的污染物进行监测。

5. 遥感遥测

遥感遥测技术用于环境空气的监测有以下三种方法。

（1）车载式的遥感监测　在监测车上装有激光光谱监测仪或多光谱监测仪，可对该点位几千米至数十千米范围内空气中颗粒物、SO_2、NO_2、O_3 等做水平方向和垂直方向光度监测，可获得污染物三维空间上的分布状况及随时间变化的趋势。也可以将遥感遥测仪器安装在一固定的监测点位上，完成同样的任务。目前国外已有一些遥感监测车或监测站在运行，国内正在进行研究试验。

（2）航空遥感监测　航空遥感监测是将光谱仪、高分辨数字照相机、激光测污测距雷达装载在飞机或直升机上，在数百米至 3000m 高度进行飞行监测，相比地面车载或遥感监测具有站得高看得远、看得更全面的优点，可以监测一个城市、一个区域的空气污染状况及主要污染源的分布。

（3）资源环境卫星监测　就是将遥感遥测仪装在卫星上进行监测，它的优点是站得更高、看得更宽，我国沙尘暴、扬尘、浮尘天气预测预报，就是利用风云卫星资料做预报的。我国还计划发射一组小卫星对地面、空气、水质、生态及自然灾害进行监测，要使遥感遥测的数据准确可靠，必须要星地监测结合，在地面选一些参照点进行实测，以便对遥感遥测的数据进行校正。

💡 做一做

要求各组长在组内将本次项目涉及的任务进行分解，各成员将个人分配到的任务填入表 3-2。

表 3-2　个人工作任务分配表

小组任务		
任务内容	合作者	注意事项

要求将本小组监测任务中测定指标的监测分析方法确定后填入表 3-3 中，并在课外对各分析方法进行下载学习。

表 3-3　空气与废气监测任务单（监测项目、方法汇总表）

序　号	监测对象	监测项目(指标)	监测方法名称	监测方法来源	负责人
1					
2					
3					
4					
5					
⋮					
备注					

要求各小组将下载的分析方法进行解读，将解读后的结果填入表 3-4 中。

表 3-4　重点指标方法标准解读记录表

指标名称	选用方法分析	试验注意事项	主要所需仪器	采样方式		
				采样时间采样量要求	采样时对天气状况的要求	采样注意事项
分析步骤流程图：						
监测中的注意事项：						

想一想

1. 我国大气环境监测的布点设计要求与原则是什么？
2. 我国大气环境监测点位布设的相关规定有哪些？
3. 如何结合采样布点的相关规定选择合适的监测点位？

任务二　勘查现场

任务要求

1. 了解大气环境监测的布点方法。
2. 能正确进行现场勘查。

一、大气环境监测网络的设计

监测任务或计划的完成是通过监测数据实现的，而监测数据的代表性主要取决于监测网点的密度，监测点位越多，获得的监测信息量越大，或者说监测网络区域内的环境质量状况越接近于实际情况。因此，监测网络设计的目的就是确定完成监测任务的最优化监测点位布设方案，力求用最少的点位，获得最有代表性的、能说明环境质量状况的监测数据。但监测网站的密度设计不仅应考虑任务目标，还受区域气候条件的变化、地形、地貌及监测经费等因素的制约。

1. 设置环境空气监测网的目的

国家环境空气监测网是指由国家根据环境管理的需要，为开展环境空气质量监测而设置的监测网，其监测目的主要是：

① 确定全国的空气质量变化趋势。

② 确定空气污染物在全国范围内的水平。

③ 确定全国及各地区的环境空气质量是否满足环境空气质量标准的要求。

④ 为制定全国大气污染控制规划提供依据。

区域环境空气监测网是指根据环境管理的需要，为开展区域或特定目的的环境空气质量监测而设置的监测网，其监测目的主要是：

① 确定监测网所覆盖区域内可能出现的空气污染物高浓度值。

② 确定监测网所覆盖区域内各环境质量功能区空气污染物的代表性浓度，判定其环境空气质量是否满足环境空气质量标准的要求。

③ 确定监测网所覆盖区域内重要的环境污染源（类型）对环境空气质量的影响。

④ 确定监测网所覆盖区域内环境空气污染物的背景水平。

⑤ 确定监测网所覆盖区域内环境空气质量的变化趋势。

⑥ 为制定地区大气污染控制规划提供依据。

2. 监测网络设计的一般原则

适用于各种监测任务或所有污染物监测的最佳网络事实上是不存在的，永久性、一劳永逸的监测网络也是不存在的，但在进行网络设计时，应遵循如下原则：

① 在监测范围内，必须能提供足够的有代表性的环境质量信息。代表性是指能代表一定空间范围内的环境污染水平、规律及变化趋势，污染物的污染特征及分布规律；足够的信息量指获得的数据，在空间分布上重复性和代表性最好。

② 监测网络应考虑获得信息的完整性。

③ 以社会经济和技术水平为基础，根据监测的目的进行经济效益分析，寻求优化的、可操作性强的监测方案。

④ 考虑影响监测点位的其他因素。

3. 监测网络点位设计的基本方法

在进行监测网点位布设时，首先应考虑所设监测点位的代表性。应根据网络范围内多年的污染状况及发展趋势，工业、能源开发和经济建设的发展，人口分布、地形和气象条件的影响等因素，并与代表性相结合，以能客观反映大气污染对人群和生活环境的影响为原则，根据监测任务，综合考虑监测的布点问题。另外，在布点设计中，确定监测点数量与系统资金投入有直接关系。因此，需对监测点位进行合理优化。

在中小城市进行空气质量监测时，采用功能区布点法布设三或四个测点是最为简单的方法，因为可以选用工业区、商业区、居民区等概念进行布点。但对于大多数拟监测的环境要素来讲，按功能区的划分实际上很困难。而且，随着城市规模的扩大或功能区的变化等，功能区代表点的选择，城市间功能区的统一性和可比性均难保证，这些问题始终存在异议。更为客观、合理和科学的监测网络设计方法主要有：统计学的方法，模拟技术的方法，经验和统计模型技术相结合的综合技术方法。

二、环境监测点位布设

环境监测网络及其任务不同，空气质量监测点位的布点要求、点位数量等也不同，环境空气质量监测的目的是为了了解污染物的含量水平及特征，并根据污染源的分布及其特征、气象条件和地理地貌特征等因素，分析评价污染物的现状及其变化规律。

1. 监测点位布置的一般原则

（1）代表性 监测点的布设应具有较好的代表性，能客观反映一定空间范围内的环境空气质量水平和变化规律，客观评价城市、区域环境空气状况、污染源对环境空气质量影响，满足为公众提供环境空气状况健康指导的需求。

（2）可比性 同类型监测点设置条件尽可能一致，使各个监测点获取的数据具有可比性。

（3）整体性 环境空气质量评价城市布点应考虑城市自然地理、气象等综合环境因素，以及工业布局、人口分布等社会经济特点，在布局上应反映城市主要功能区和主要大气污染源的空气质量现状及变化趋势，从整体出发合理布局，监测点间相互协调。

（4）前瞻性　应结合城乡建设规划考虑监测点的布设，使确定的监测点能兼顾未来城乡空间格局变化趋势。

（5）稳定性　监测点位置一经确定，原则上不应变更，以保证监测资料的连续性和可比性。

2. 监测点位数目的确定

世界卫生组织（WTO）和美国环保局等对城市环境空气质量的监测点数的确定均进行了详细的描述，主要采用以人口数量为基础的经验法、以污染程度和面积为基础的经验法、按人口和功能区的布点法。1987年国家环保（总）局颁布实施的《环境监测技术规范（大气和废气部分）》也是以人口数量为基础根据不同的污染物确定监测点位数。

3. 环境空气质量监测点位布设要求

① 位于各城市的建成区内，并相对均匀分布，覆盖全部建成区。

② 采用城市加密网格点实测或模式模拟计算的方法，估计所在城市建成区污染物浓度的总体平均值。全部城市点的污染物浓度的算术平均值应能代表所在城市建成区污染物浓度的总体平均值。

③ 城市加密网格点实测是指将城市建成区均匀划分为若干加密网格点，单个网格不大于 $2km^2$（面积大于 $200km^2$ 的城市也可适当放宽网格密度），在每个网格中心或网格线的交点上设置监测点，了解所在城市建成区的污染物整体浓度水平和分布规律，监测项目包括 GB 3095—2012 中规定的 6 项基本项目（可根据监测目的增加监测项目），有效监测天数不少于 15d。

④ 模式模拟计算是通过污染物扩散、迁移及转化规律，预测污染分布状况进而寻找合理监测点位的方法。

⑤ 拟新建城市点的污染物浓度的平均值与同一时期用城市加密网格点实测或模式模拟计算的城市总体平均值估计值相对误差应在 10% 以内。

⑥ 用城市加密网格点实测或模式模拟计算的城市总体平均值计算出 30、50、80 和 90 百分位数的估计值，拟新建城市点的污染物浓度平均值计算出的 30、50、80 和 90 百分位数与同一时期城市总体估计值计算的各百分位数的相对误差在 15% 以内。

4. 环境空气质量评价区域点、背景点布设要求

① 区域点和背景点应远离城市建成区和主要污染源，区域点原则上应离开城市建成区和主要污染源 20km 以上，背景点原则上应离开城市建成区和主要污染源 50km 以上。

② 区域点应根据我国的大气环流特征设置在区域大气环流路径上，反映区域大气本底状况，并反映区域间和区域内污染物输送的相互影响。

③ 背景点设置在不受人为活动影响的清洁地区，反映国家尺度空气质量本底水平。

④ 区域点和背景点的海拔高度应合适。在山区应位于局部高点，避免受到局地空气污染物的干扰和近地面逆温层等局地气象条件的影响；在平缓地区应保持在开阔地点的相对高地，避免空气沉积的凹地。

5. 污染监控点布设要求

① 污染监控点原则上应设在可能对人体健康造成影响的污染物高浓度区以及主要固定污染源对环境空气质量产生明显影响的地区。

② 污染监控点依据排放源的强度和主要污染项目布设，应设置在污染源的主导风向和第二主导风向（一般采用污染最重季节的主导风向）的下风向的最大落地浓度区内，以捕捉到最大污染特征为原则进行布设。

③ 对于固定污染源较多且比较集中的工业园区等，污染监控点原则上应设置在主导风向和第二主导风向（一般采用污染最重季节的主导风向）的下风向的工业园区边界，兼顾排放强度最大的污染源及污染项目的最大落地浓度。

④ 地方环境保护行政主管部门可根据监测目的确定点位布设原则增设污染监控点，并实时发布监测信息。

💡 想一想

1. 环境空气监测点位的布设方式有哪些？与水体监测采样点的布设有何不同？小组所选定的监测任务适合用哪种方法进行布点？

2. 如何进行室内环境监测布点及采样？

3. 我国对污染源监测有哪些相关规定？

4. 不同类型的大气监测采样时间和采样频率是如何规定的？

5. 如何绘制选定任务的监测布点图？

任务三　绘制空气与废气监测采样点位布设图

💡 任务要求

1. 了解空气与废气监测采样点位的布设方法。

2. 能正确进行监测点位的布设。

一、监测点位的布设

1. 环境空气质量监测点位的布设

（1）布点方法　布点的方法主要有功能区布点法、网格布点法、同心圆布点法和扇形布点法。部分布点方法示意图见图 3-1。

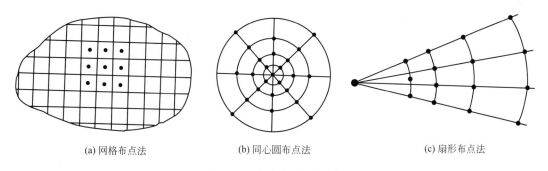

(a) 网格布点法　　　　　(b) 同心圆布点法　　　　　(c) 扇形布点法

图 3-1　布点方法示意图

① 功能区划分布点法　多用于区域性常规监测。先将监测区域划分为工业区、商业区、居住区、工业和居住混合区、交通稠密区、清洁区等，再根据具体污染情况和人力、物力条件，在各功能区设置一定数量的采样点。各功能区的采样点数不要求平均，一般在污染较集中的工业区和人口较密集的居住区多设采样点。

② 网格布点法　将监测区域地面划分成若干均匀网状方格，采样点设在两条直线的交点处或方格中心。网格大小视污染源强度、人口分布及人力、物力条件等确定。若主导风向明显，下风向设点应多一些，一般约占采样点总数的 60%。对于有多个污染源，且污染源分布较均匀的地区，常采用这种布点方法。

M3-1网格布点法

M3-2同心圆布点法

M3-3扇形布点法

③ 同心圆布点法　主要用于多个污染源构成污染群,且大污染源较集中的地区。布点时先找出污染群的中心,以此为圆心作图,再从圆心作若干条放射线,将放射线与圆周的交点作为采样点。不同圆周上的采样点数目不一定相等或均匀分布,常年主导风向的下风向比上风向多设一些点。例如,同心圆半径分别取 4km、10km、20km、40km,从里向外各圆周上分别设 4 个、8 个、8 个、4 个采样点。

④ 扇形布点法　适用于孤立的高架点源,且主导风向明显的地区。以点源所在位置为顶点,主导方向为轴线,在下风向地面上划出一个扇形区作为布点范围。扇形的角度一般为 45°,也可更大些,但不能超过 90°。采样点设在扇形平面内距点源不同距离的若干弧线上。每条弧线上设 3～4 个采样点,相邻两点与顶点连线的夹角一般取 10°～20°。在上风向应设对照点。

(2) 采样点数目　采样点的数目应根据监测范围的大小、污染物的空间分布特征、人口分布及密度、气象、地形等情况综合考虑确定。我国对大气环境污染例行监测采样点规定的设置数目见表 3-5。

表 3-5　大气环境例行监测采样点设置数目

市区人口/万人	SO_2、NO_x、TSP	灰尘自然沉降量	硫酸盐化速率
≤50	3	≥3	≥6
50～100	4	4～8	6～12
100～200	5	8～11	12～18
200～400	6	12～20	18～30
>400	7	20～30	30～40

(3) 监测点周围环境要求

① 应采取措施保证监测点附近 1000m 内的土地使用状况相对稳定。

② 点式监测仪器采样口周围、监测光束附近或开放光程监测仪器发射光源到监测光束接收端之间不能有阻碍环境空气流通的高大建筑物、树木或其他障碍物。从采样口或监测光束到附近最高障碍物之间的水平距离,应为该障碍物与采样口或监测光束高度差的两倍以上,或从采样口至障碍物顶部的线与地平线夹角应小于 30°。

③ 采样口周围水平面应保证 270° 以上的捕集空间,如果采样口一边靠近建筑物,采样口周围水平面应有 180° 以上的自由空间。

④ 监测点周围环境状况相对稳定,所在地地质条件需长期稳定和足够坚实,所在地点应避免受山洪、雪崩、山林火灾和泥石流等局地灾害影响,安全和防火措施有保障。

⑤ 监测点附近无强大的电磁干扰,周围有稳定可靠的电力供应和避雷设备,通信线容易安装和检修。

⑥ 区域点和背景点周边向外的大视野需 360° 开阔,方圆 1～10km 应没有明显的视野阻断。

⑦ 考虑将监测点位设置在机关单位及其他公共场所时，应保证通畅、便利的出入通道及条件，在出现突发状况时，可及时赶到现场进行处理。

2. 室内监测

我国《室内环境空气质量监测技术规范》（HJ/T 167—2004）中对进行室内环境监测采样点及采样方式的内容描述有以下几个方面：

（1）采样点位的数量　采样点位的数量根据室内面积大小和现场情况而确定，要能正确反映室内空气污染物的污染程度。原则上小于 $50m^2$ 的房间应设 1～3 个点，50～100m^2 设 3～5 个点，100m^2 以上至少设 5 个点。

（2）布点方式　多点采样时应按对角线或梅花式均匀布点，应避开通风口，离墙壁距离应大于 0.5m，离门窗距离应大于 1m。

3. 大气污染源监测

（1）无组织排放监测的基本要求

① 控制无组织排放的基本方式　根据《大气污染物无组织排放监测技术导则》（HJ/T 55—2000）我国以控制无组织排放所造成的后果来对无组织排放实行监督和限制。采用的基本方式，是规定设立监控点（即监测点）和规定监控点的空气浓度限值。要在二氧化硫、氮氧化物、颗粒物和氟化物的无组织排放源下风向设监控点，同时在排放源上风向设参照点，以监控点同参照点的浓度差值不超过规定限值来限制无组织排放；对其余污染物在单位周界外设监控点和规定监控点的浓度限值。

② 设置监控点的位置和数目　二氧化硫、氮氧化物、颗粒物和氟化物的监控点设在无组织排放源下风向 2～50m 范围内的浓度最高点，相对应的参照点设在排放源上风向 2～50m 范围内；其余物质的监控点设在单位周界外 10m 范围内的浓度最高点。按规定监控点最多可设 4 个，参照点只设 1 个。

动画扫一扫

M3-4圆形烟道
采样点设置

③ 对于低矮有组织排放源造成影响的处理　依照上述规定设置监控点所测得的污染物在空气中的浓度，并非都是由无组织排放所造成，事实上某些低矮排气筒的排放可以造成与无组织排放相同的后果，在无组织排放监测中所测得的监控点的浓变值将不扣除低矮排气筒所做的贡献值。

（2）恶臭污染物监测要求　我国《恶臭污染物排放标准》（GB 14554—93）中对恶臭性污染物排放的监控点有以下相关规定：

有组织排放的监控点：排气筒的最低高度不得低于 15m，监测采样点应为臭气进入大气的排放口，也可以在水平排气道和排气筒下采样监测，测得臭气浓度或进行换算求得实际排放量，经过治理的污染源监测点设在治理装置的排气口，应设置永久性标志。

无组织排放的监控点：设在工厂厂界的下风向侧，或在臭气的边界线上。

二、采样时间和采样频率的确定

1. 环境空气质量监测

（1）总体要求　环境空气中的二氧化硫（SO_2）、二氧化氮（NO_2）、氮氧化物（NO）、一氧化碳（CO）、臭氧（O_3）、总悬浮颗粒物（TSP）、可吸入颗粒物（PM_{10}）、细颗粒物（$PM_{2.5}$）、铅（Pb）、苯并［a］芘（B［a］P）等污染物的采样时间及采样频率，根据污染物浓度数据有效性规定的要求确定。其他污染物可参照执行，或者根据监测目的、污染物浓度水平及监测分析方法的检出限等因素确定。

（2）小时浓度间断采样频率　获取环境空气污染物小时平均浓度时，如果污染物浓度过高，或者使用直接采样法采集瞬时样品，应在 1h 内等时间间隔采集 3～4 个样品。

（3）被动采样时间及频率　污染物被动采样时间及采样频率应根据监测点位周围环境空气中污染物的浓度水平、分析方法的检出限及监测目的确定。监测结果可代表一段时间内待测环境空气中污染物的时间加权平均浓度或浓度变化趋势。通常，硫酸盐化速率及氟化物（长期）采样时间为 7～30d，但要获得月平均浓度，样品的采样时间应不少于 15d。降尘采样时间为（30±2)d。

2. 室内监测

经装修的室内环境，采样应在装修完成 7d 以后进行。一般建议在使用前采样监测。年平均浓度至少连续或间隔采样 3 个月，日平均浓度至少连续或间隔采样 18h，8h 平均浓度至少连续或间隔采样 6h，1h 平均浓度至少连续或间隔采样 45min。

3. 大气污染源监测

（1）无组织排放源采样频次的要求　按规定对无组织排放实行监测时，实行连续 1h 的采样，或者实行在 1h 内以等时间间隔采集 4 个样品计平均值。在进行实际监测时，为了捕捉到监控点最高浓度的时段，实际安排的采样时间可超过 1h。

（2）恶臭污染物监测频次要求

① 有组织排放源：按生产周期确定监测频次，生产周期在 8h 以内的，每 2h 采集一次；生产周期大于 8h 的，每 4h 采集一次，取其最大测定值。

② 无组织排放源

连续排放源：间隔 2h 采一次，共采集 4 次，取其最大测定值。

间歇排放源：在气味最大时间内采样，样品采集次数不少于 3 次，取其最大测定值。

💡 想一想

1. 大气污染物的浓度有哪些表示方法？相互之间如何互换？
2. 气态污染物的采样方法有哪些？
3. 如何进行颗粒物的采样？
4. 采样效率的评价方法及其影响因素有哪些？

任务四　确定采样方法，准备采样仪器

💡 任务要求

1. 了解气体样品常见的采样方法。
2. 了解气体样品的采样仪器。
3. 能正确采集气体样品。

一、气态污染物的采集

气态污染物种类很多，要对这些污染物质进行测定，首先必须进行大气样品的采集。根据被测物质在大气中存在的状态和浓度，以及所用分析方法的灵敏度，可选择不同的采样方法，一般分为直接采样法和富集采样法两大类。

1. 直接采集法

直接采样法一般用于空气中的被测物质含量较高，或者所用的分析方法灵敏度高，直接进样就能满足监测要求的情况。如用氢焰离子化检测器测定空气中的苯系物，用紫外荧光法测定空气中的二氧化硫。这类方法测得的结果是瞬时或者短时间内的平均浓度，能比较快地测得结果。

直接采样法常用的采样容器有塑料袋、注射器和一些固定容器。这种方法成本低而且很轻便。

（1）塑料袋采样法 该法是利用塑料袋直接采集空气中被测物质。所用塑料袋应化学稳定性强、质量要好，不能与所采集的被测物质起化学反应，也不能对被测物质产生吸附，更不能有渗漏现象。常用的有聚乙烯袋、聚四氟乙烯袋及聚酯袋等，用金属衬里（铝箔等）的袋子采样，能防止样品的渗透。采样时，用二联球打入现场被测空气冲洗2～3次后，再充满被测样品，夹封进气口，带回实验室尽快分析。

（2）注射器采样法 用100mL的注射器［如图3-2(a)所示］直接采集空气中被测物。采样时，先用现场空气抽洗注射器2～3次，然后抽样至100mL，密封进样口，带回实验室进行分析。要注意样品存放时间不宜太长，一般要当天分析完。此外，所用的注射器要进行磨口密封性检查，有时还需要对注射器的刻度进行校准。此种方法多用于有机蒸气的采样。

（3）真空瓶（管）采样法 将空气中被测物质采集在预先抽成真空的玻璃瓶或玻璃采样管中的方法称为真空瓶（管）采样法。所用的采样瓶（管）必须是用耐压玻璃制成（一般容积为500～1000mL）的。

采样管［见图3-2(b)］采样时，先打开两端旋塞，将二联球或抽气泵接在管的一端，迅速抽进比采气管大6～10倍的欲采气体，使采气管中原有的气体被完全置换出，然后关上两端旋塞，采气体积即为采气管的容积。

真空瓶［见图3-2(c)］采样时，先用抽空装置［见图3-2(d)］使瓶内剩余压力为1.33kPa左右，然后打开旋塞，使待采集空气充入瓶内，关闭瓶塞，采气体积即为采气瓶的容积。若采气瓶内真空度不能达到1.33kPa，采集体积的计算如下：

$$V = V' \times \frac{p - p'}{p} \tag{3-1}$$

式中 V——采样体积，L；

$\quad\quad V'$——真空瓶的容积，L；

$\quad\quad p$——大气压力，kPa；

$\quad\quad p'$——瓶中剩余压力，kPa。

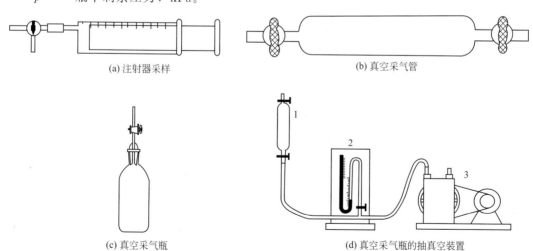

(a) 注射器采样　　　　　　　　　　　　　　(b) 真空采气管

(c) 真空采气瓶　　　　　　(d) 真空采气瓶的抽真空装置

1—真空采气瓶；2—闭管压力计；3—真空泵

图3-2 直接采样法常用采样装置

2. 富集采集法

当空气中被测物质的浓度很低（10^{-6}～10^{-9}数量级），而且所用的分析方法又不能直接测出其含量时，用富集采样的方式进行空气样品的采集。富集采样的时间一般都比较长，所得的分析结果是在富集采样时间内的平均浓度。从环境保护角度来看，它更能反映环境污染的真实情况，所以富集采样在空气污染监测中具有重要意义。

富集采样的方法有多种，如溶液吸收法、固体吸收法、低温冷凝法、滤料采样法及个体

动画扫一扫

M3-5空气样品的采集

剂量器法等，在实际应用中，选择怎样的方法采集气体样品，要根据监测的目的、要求，污染物性质、在空气中的存在状态以及所用的分析方法来选择。

（1）溶液吸收法　该法是用吸收液采集空气中的气态、蒸气态物质以及某些气溶胶。常用的吸收液有水、水溶液和有机溶剂等。先用抽气装置将待测空气以一定流量抽入装有吸收液的吸收管（瓶）（见图3-3），气泡与吸收液界面上的被测物质分子由于溶解作用或化学反应而很快地进入吸收液中，并迅速地扩散到气-液界面上使气体中被测物质分子很快地被溶液吸收。采样后，倒出吸收液进行测定，根据测得的结果及采样体积可计算此种污染物质的浓度。

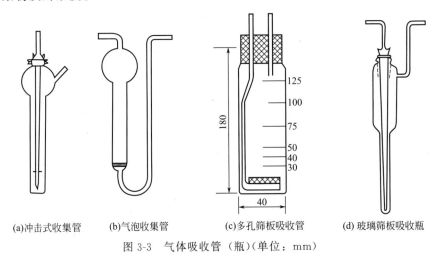

(a)冲击式收集管　(b)气泡收集管　(c)多孔筛板吸收管　(d) 玻璃筛板吸收瓶

图 3-3　气体吸收管（瓶）(单位：mm)

（2）固体吸附法　固体吸附法是用固体吸附剂采集空气中被测物质的方法。固体吸附剂有颗粒状吸附剂、纤维状滤料和筛孔状滤料，滤料采样装置示意图见图 3-4。

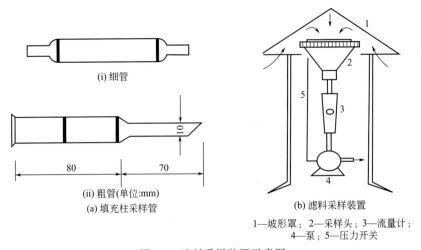

(i) 细管

(ii) 粗管(单位:mm)

(a) 填充柱采样管

(b) 滤料采样装置

1—坡形罩；2—采样头；3—流量计；
4—泵；5—压力开关

图 3-4　滤料采样装置示意图

颗粒状吸附剂可用于气态、蒸气态物质和气溶胶的采样。常用的颗粒吸附剂有活性炭、硅胶、高分子多孔微球、素陶瓷等多孔性物质。纤维状滤料主要是由天然纤维素和合成纤维制成的各种滤纸和滤膜，常用的有定量滤纸、玻璃纤维滤膜、过氯乙烯滤膜等，主要用于气溶胶的采样。筛孔状滤料是由纤维素基质交联成筛孔的一种材料，其孔径较均匀，采集机理类似于纤维状滤料。常用的筛孔状滤料有微孔滤膜、核孔滤膜和银薄膜等。

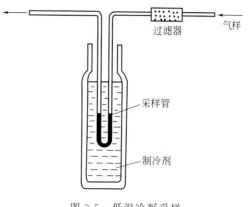

图 3-5　低温冷凝采样

（3）低温冷凝法　低温冷凝采样法又称冷阱法。对于在常温下不易被采集的低沸点物质，可采用制冷剂降低收集器的温度，达到浓缩收集的目的。如将 U 形或蛇形采样管插入冷阱（见图 3-5）中，当大气流经采样管时，被测组分因冷凝而凝结在采样管底部。如用气相色谱法测定，可将采样管与仪器进气口连接，移去冷阱，在常温或加热情况下汽化，进入仪器测定。

在使用冷凝法时，空气中的水蒸气、二氧化碳、氧气同时被冷凝进入收集器，为了避免这种情况对测定造成的干扰，可在采样管的进气端装置选择性过滤器（内装过氯酸镁、碱石棉、氯化钙等），以便去掉空气中的水蒸气和二氧化碳等。但所用干燥剂和净化剂不能与被测组分发生作用，以免引起被测组分损失。

（4）静电沉降法　静电沉降法常用于采集气溶胶。当空气样品通过 12000～20000V 电压的电场时，气体分子电离所产生的离子附着在气溶胶粒子上，使粒子带电并在电场的作用下沉降到收集电极上，完成采集工作。将电极表面的沉降物质洗下，即可进行分析。此法优点是采样效率高、速度快，但仪器设备及维护要求较高，在有易爆炸性气体、水蒸气或尘粒存在时不能使用。

（5）个体剂量器法　个体剂量器法用于采集气态和蒸气态有害物质。该法利用被测物质分子自身的运动（扩散或渗透）使其到达吸收液或吸附剂表面而被吸收或吸附，所以在采样时，不需要抽气动力，这也是与前边介绍的四种方法的不同之处。主要仪器是个体计量器，其特点是体积小、质量轻，便于人体携带，可以随人的活动连续采样，经分析测定得出污染物的时间加权平均浓度，反映人体实际吸入的污染物量。

3. 被动式采样法

被动式采样器是基于气体分子扩散或渗透原理采集空气中气态或蒸气态污染物的一种采样方法，由于它不用任何电源或抽气动力，所以又称无氧采样器。这种采样器的体积小，非常轻便，可以制成一支钢笔或一枚徽章大小，用于个体接触计量评价的监测，也可放在欲测场所，连续采样，间接用作环境空气质量的监测，目前，常用于室内空气污染和个体接触量的评价监测。

二、颗粒物的采集

空气中颗粒物质的采样方法主要有滤料法和自然沉降法。主要用于采集颗粒物粒径大于 $30\mu m$ 的尘粒，滤料法根据粒子切割器和采样流速等的不同，分别用于采集空气中不同粒径的微粒径颗粒物，或利用等速跟踪排气流速的原理，采集烟尘和粉尘。

1. 常用滤纸（膜）及其特性

常用的滤料有定量滤纸、玻璃纤维滤膜、过氯乙烯纤维滤膜、微孔滤膜和浸渍试剂滤纸等。

① 实验室分析用的定量滤纸（中速和慢速），价格便宜，灰分低，纯度高，机械强度大，对一些金属尘粒采样效果很好，且易于消解处理，空白值低。但抽气阻力大，有时孔隙不均匀，且吸水性强，不宜用作重量法测定悬浮颗粒物。

② 玻璃纤维滤膜，机械强度差，但耐高温，阻力小，不宜吸水，可用于采集大气中的总悬浮颗粒物和可吸入颗粒物，样品可以用酸和有机溶剂提取，用于分析颗粒物中的其他污染物。但由于所用玻璃原料含有杂质，致使某些元素的本底含量较高，限制了它的使用。以石英为原料的石英玻璃纤维滤膜，克服了玻璃纤维滤膜空白值高的问题，常用于颗粒物中元素的分析。

③ 过氯乙烯纤维滤膜，不易吸水，阻力小，由于带静电，采样效率高，广泛用于悬浮颗粒物的采集，由于滤膜易溶于有机溶剂，且空白值较低，可用于颗粒物中元素的分析。缺点是机械强度差，需要带筛网的采样夹托住。

④ 有机滤膜，主要是由硝酸纤维素或乙酸纤维素制成的微孔滤膜和由聚碳酸酯制成的直孔滤膜。质量轻，灰分和杂质含量极低，带静电，采样效率高，并可溶于多种有机溶剂，便于分析颗粒物中的元素。由于颗粒物沉淀积在膜表面后，阻力迅速增加，采样量受到限制，若经丙酮蒸熏使之透明后，可直接在显微镜下观察颗粒物的特性。

2. 选择滤纸（膜）应考虑的几个问题

① 应保证有足够高的采样效率。用于大流量采样器的滤膜，在线速度为 $60cm/s$ 时，每张干净滤膜的采样效率应达到 97% 以上。

② 滤膜中待测元素的本底值要低，稳定，且滤膜易处理，通常情况下，做颗粒物中的元素分析时，有机滤膜的空白值是最低的，而玻璃纤维滤膜的本底含量较高。测定颗粒物中的多环芳香烃等有机污染物时，不宜用有机材料的滤膜，可以选用玻璃纤维的滤膜，但要在 500℃ 高温下灼烧处理。一般使用之前，要做本底值试验，并从分析结果中扣除本底值。

③ 玻璃纤维滤膜和合成纤维滤膜（过氯乙烯纤维滤膜等）的阻力较小，适用于大流量采样。另外，在采样过程中，由于滤膜孔隙不断被颗粒物阻塞，阻力将逐渐增加。当采气流量明显减小时，采气量的计算可用开始流量和结束时流量的平均值做近似计算，比较准确的方法是用流量自动记录仪，连续记录采样流量的变化。

④ 用于大流量、长时间采样的滤膜，应尽量选吸水性小、机械强度高的滤膜，价格也是经常要考虑的一个因素。

三、两种状态下共存的污染物的采样方法

实际上，空气中的污染物大多数都不是以单一状态存在的，往往同时存在于气态和颗粒物中，尤其是部分无机污染物和有机污染物，所谓综合采样法就是针对这种情况提出来的。选择好合适固体填充剂的填充柱采样管对某些存在于气态和颗粒物种的污染物也有较好的采样效率。若用滤膜采样器后接液体吸收管的方法，也可实现同时采样。但这种方法的主要缺陷是采样流量受到限制，而颗粒物需要在一定的速度下，才能被采集下来。

所谓浸渍试剂滤料法，是将某种化学试剂浸渍在滤纸或滤膜上，这种滤纸适宜采集气态与气溶胶共存的污染物。采样时，气态污染物与滤纸上的试剂迅速反应，从而被固定在滤纸上。所以，它具有物理（吸附和过滤）和化学两种作用，能同时将气态和气溶胶污染物采集下来。浸渍试剂使用较广泛，尤其对于以蒸气和气溶胶共存的污染物是一个较好的采样方法。如用磷酸二氢钾浸渍过的玻璃纤维滤膜采集大气中的氟化物，用聚乙烯氧化吡啶及甘油浸渍的滤纸采集大气中的砷化物，用碳酸钾浸渍的玻璃纤维滤膜采集大气中的含硫化合物，用稀硝酸浸渍的滤纸采集铝烟和铝蒸气等。

四、采样体积的计算

为了计算空气中污染物的浓度，必须正确地测量空气采样的体积，它直接关系到监测数据的质量。采样方法不同，采样体积的测量方法也有所不同。

1. 直接采样法

用注射器、塑料袋和固定容器直接取样时，当压力达到平衡并稳定后，这些采样器具的有效容积即为空气采样体积，只要校准了这些器具的容积，就可知道准确的采样体积。

2. 有动力采样法

常用四种方法测量空气采样体积。

① 用转子流量计和孔口流量计测定采样系统的空气流量，气体流量计连接在采样泵之前，采样泵选用恒流抽气泵。采样前需对采样系统中的气体流量计的流量刻度进行校准。当采样流量稳定时，用流量乘以采样时间计算空气采样体积 V。

$$V = Qt \tag{3-2}$$

式中　　Q——采样流量，L/min；

　　　　t——采样累积的时间，min。

② 用气体体积计量器以累积的方式，直接测量进入采样系统中的空气体积，如湿式流量计或煤气表，可以准确地记录在一定流量下累积的气体采样体积。气体体积计量器应连接在采样泵后面，采样泵和两者联结不应漏气。采用前需对气体体积计量器的刻度进行校准。

③ 用质量流量计测量进入采样系统中的空气质量，换算成标准采样体积。由于质量流量计测定的是空气质量流量，所以不需要对温度和大气压力校准。

④ 用类似毛细管或限流的临界孔稳流器来稳定和测定采样的流量。

用事先对毛细管或限流的临界孔控制的流量校准值乘以采样时间计算空气采样体积。在采样系统中，临界孔稳流器应连接在采样泵之前，要求采样泵真空度应维持在 66.7kPa 左右，否则不能保证恒流。由于环境温度会引起临界孔径的改变，使通过气体的流量发生变化，所以应使临界孔处于恒温状态，这对长时间采样（如 24h 采样）尤为重要。在采样开始前和结束后，应用电膜计测量采样的流量，采样过程中观察采样泵上真空表的变化，以检查临界孔是否被堵塞或其他原因引起流量改变。

五、大气中污染物浓度的表示方法与气体体积换算

1. 大气污染物的浓度表示方法

空气污染物浓度有两种表示法：一是质量浓度，单位体积空气中含污染物质量，mg/m^3；一是体积浓度，污染物体积与整个空气容积之比，一般以 $\mu L/L$ 为单位，即污染物体积占空气容积的百万分之一，亦可用 nL/L 和 pL/L 等。两种浓度单位可以相互转换：

$$c = \frac{c_p M}{22.4} \tag{3-3}$$

式中　　c——质量浓度，mg/m^3；

　　　　c_p——体积浓度，$\mu L/L$；

　　22.4——摩尔气体体积，L/mol；

　　　　M——污染物的摩尔质量，g/mol。

2. 标准气体体积计算

气体体积是温度和大气压力的函数，随温度、压力不同而变化。我国空气质量标准是以标准状态下（0℃，101.325kPa）的气体体积为对比依据。为使计算出的污染物浓度具有可比性，应将监测时的气体采样体积 V_t 换算成标准状态下的气体体积。计算公式如下：

$$V_0 = V_t \times \frac{T_0 p}{T p_0} = V_t \times \frac{273}{273+t} \times \frac{p}{101.325} \tag{3-4}$$

式中　V_0——标准状况下的采样体积，L 或 m³；

　　　T_0——标准状况下的绝对温度，273K；

　　　T——采样时的绝对温度（273+t），K；

　　　t——采样时的温度，℃；

　　　p_0——标准状况下的大气压力，101.325kPa；

　　　p——采样时的大气压力，kPa。

六、采样效率的评价

采样效率是指在规定的采样条件（如采样流量、气体流量、采样时间等）下所采集到的量占总量的百分数。采样效率评价方法一般与污染物在大气中的存在状态有很大关系，不同的存在状态有不同的评价方法。

1. 评价采集气态和蒸气态污染物的方法

采集气态和蒸气态的污染物常用溶液吸收法和填充柱采样法，评价这些采样方法的效率有绝对比较法和相对比较法两种。

（1）绝对比较法　精确配置一个已知浓度的标准气体，然后用所选的采样方法采集标准气体，测定其浓度，比较实测浓度 c_1 和配气浓度 c_2，采样效率 K 为：

$$K = \frac{c_1}{c_2} \times 100\% \tag{3-5}$$

用这种方法评价采样效率虽然比较理想，但是，由于配制已知浓度标准气体有一定困难，往往在实际应用中受到限制。

（2）相对比较法　配制一个恒定浓度的气体，而且浓度一定要求已知，然后用两三个采样管串联起来采样，分别分析各管的含量，计算第一管含量占各管的总量的百分数，采样效率 K 为：

$$K = \frac{c_1}{c_1 + c_2 + c_3} \times 100\% \tag{3-6}$$

式中，c_1、c_2、c_3 分别为第一、第二、第三管中分析测得的浓度。用此法计算采样效率时，要求第二管和第三管的含量与第一管相比是极小的，这样三个管含量相加之和就近似于所配制的气体浓度，有时还需串联更多的吸收管采样，以期求得浓度与所配制的气体浓度更加接近。用这种方法评价采样效率也只适用于一定浓度范围的气体，如果气体浓度太低，由于分析方法的灵敏度所限，测定结果误差较大，采样效率也只是一个估计值。

2. 评价采样气溶胶的方法

采集气溶胶的效率有两种方法表示：一种是颗粒采样效率，就是所采集到的气溶胶颗粒数目占总颗粒数目的百分数；另一种是质量采样效率，就是所采集到的气溶胶质量占总质量的百分数。只有气溶胶全部颗粒大小完全相同时，这两种表示方法才能一致起来。但是，实际上这种情况是不存在的，微米以下的极小颗粒在颗粒数上占绝大部分，而按质量计算却只占很小部分，即一个大颗粒的质量可以相当于成千上万个小颗粒的质量，所以质量采样效率总是大于颗粒采样效率。由于 $10\mu m$ 以下的颗粒对人体健康影响较大，所以颗粒采样效率很有实际意义，当要了解大气中气溶胶质量浓度或气溶胶某成分的质量浓度时，质量采样效率是有用处的。目前在大气监测中，评价采集气溶胶方法的采样效率时，一般是以质量采样效率表示，只有在特殊目的时，才用颗粒采样效率表示。

评价采集气溶胶方法的效率与评价气态和蒸气态采样效率的方法有很大的不同，一方面是由于配制已知浓度标准气溶胶在技术上比配制标准气体要复杂得多，而且气溶胶粒度范围也很大，所以很难在实验室模拟现场存在的气溶胶的各种状态。另一方面用滤膜采样像一个滤筛一样，能滤过第一张滤膜的细小颗粒物质，也有机会滤过第二或第三张滤膜，所以用相对比较法评价气溶胶的采样效率就有困难了，评价滤纸和滤膜的采样效率要用另外一个已知采样效率高的方法同时采样，或串联在后面比较得出。颗粒采样效率需要用一个灵敏度很高的采样方法计算其进行测量进入滤膜前和通过滤膜后空气中的颗粒数量。

3. 评价采集气态气溶胶共存状态物质的方法

对气态和气溶胶共存物质的采样更为复杂，评价其采样效率时，这两种状态都应加以考虑，以求其总的采样效率。

想一想

1. 结合技术规范在进行环境空气参数采样时采样口的位置应注意哪些问题？
2. 如何填写采样记录表？
3. 室内监测在采样时需要注意哪些问题？

任务五　样品采集与运输保存

任务要求

1. 了解样品的采集要求。
2. 了解样品的运输保存要求。

一、环境空气样品采集要求

采样口位置应符合下列要求：

① 对于手工采样，其采样口离地面的高度应在 $1.5\sim15m$。

② 对于自动监测，其采样口或监测光束离地面的高度应在 $3\sim20m$。

③ 对于路边交通点，其采样口离地面的高度应在 $2\sim5m$。

④ 在保证监测点具有空间代表性的前提下，若所选监测点位周围半径 $300\sim500m$ 范围内建筑物平均高度在 $25m$ 以上，无法按满足①、②条的高度要求设置时，其采样口高度可以在 $20\sim30m$。

⑤ 在建筑物上安装监测仪器时，监测仪器的采样口离建筑物墙壁、屋顶等支撑物表面的距离应大于 $1m$。

⑥ 使用开放光程监测仪器进行空气质量监测时，在监测光束能完全通过的情况下，允许监测光束从日平均机动车流量少于 10000 辆的道路上空、对监测结果影响不大的小污染源和少量未达到间隔距离要求的树木或建筑物上空穿过，穿过的合理距离不能超过监测光束总光程长度的 10%。

⑦ 当某监测点需设置多个采样口时，为防止其他采样口干扰颗粒物样品的采集，颗粒物采样口与其他采样口之间的直线距离应大于 $1m$。若使用大流量总悬浮颗粒物（TSP）采样装置进行并行监测，其他采样口与颗粒物采样口的直线距离应大于 $2m$。

⑧ 对于环境空气质量评价城市点，采样口周围至少 $50m$ 范围内无明显固定污染源，为

避免车辆尾气等直接对监测结果产生干扰，采样口与道路之间最小间隔距离应按表 3-6 的要求确定：

表 3-6　仪器采样口与交通道路之间最小间隔距离

道路日平均机动车流量（日平均车辆数）	采样口与交通道路边缘之间最小距离/m	
	PM_{10}、$PM_{2.5}$	SO_2、NO_2、CO 和 O_3
≤3000	25	10
3000～6000	30	20
6000～15000	45	30
15000～40000	80	60
>40000	150	100

⑨ 开放光程监测仪器的监测光程长度的测绘误差应在 ±3m 内（当监测光程长度小于 200m 时，光程长度的测绘误差应小于实际光程的 ±1.5%）。

⑩ 开放光程监测仪器发射端到接收端之间的监测光束仰角不应超过 15°。

二、室内环境监测采样要求

1. 采样点的高度

原则上与人的呼吸带高度一致，一般在相对高度 0.5～1.5m。也可根据房间的使用功能，人群的高低以及在房间立、坐或卧时间的长短，来选择采样高度。有特殊要求的可根据具体情况而定。

2. 封闭时间

监测应在对外门窗关闭 12h 后进行。对于采用集中空调的室内环境，空调应正常运转。有特殊要求的可根据现场情况及要求而定。

三、无组织排放源监测采样要求

① 被测无组织排放源的排放负荷应处于相对较高的状态，或者至少要处于正常生产和排放状态。

② 监测期间的主导风向（平均风向）应便于监控点的设置，并使监控点和被测无组织排放源之间的距离尽可能缩小。

③ 监测期间的风向变化、平均风速和大气稳定度三项指标对污染物的稀释和扩散影响很大，应按照《大气污染物无组织排放监测技术导则》（HJ/T 55—2000）的判定方法，对照本地区的"常年"气象数据选择较适宜的监测日期。

④ 在通常情况下，选择冬季微风的日期，避开阳光辐射较强烈的中午时段进行监测是比较适宜的。

四、样品的运输与保存

样品由专人运送，按采样记录清点样品，防止错漏，为防止运输中采样管震动破损，装箱时可用泡沫塑料等分隔。样品因物理、化学等因素的影响，组分和含量可能发生变化，应根据不同项目要求，进行有效处理和防护。储存和运输过程中要避开高温、强光。样品运抵后要与接收人员交接并登记，各样品要标注保质期，样品要在保质期前检测。样品要注明保存期限，超过保存期限的样品，要按照相关规定及时处理。

各小组按照监测任务的分配进行样品的采集，并将采集过程记录填入表 3-7。

表 3-7 空气采样及样品交接记录

任务来源		采样地点及编号		天气	
采样日期		采样高度/m			
采样器型号及编号					
采样时段					
项目名称					
样品编号					
采样流量/(L/min)					
采样时间/min					
采样体积/L					
大气温度/℃					
大气压力/hPa					
标准体积换算系数					
风向					
风速/(m/s)					
相对湿度/%					
备注					

采样：　　　　送样：　　　　　收样：　　　　　　　年　月　日

想一想

1. 气态污染物监测的指标有哪些？
2. 颗粒污染物监测的指标有哪些？
3. 采样器的流量校准如何进行？

任务六　分析测试

任务要求

1. 掌握大气与废气监测主要指标的测定方法与原理。
2. 能进行大气与废气监测。

一、监测气态污染物

1. 测定二氧化氮（HJ 479—2009）

氮氧化物是氮和氧的多种化合物的总称，包括一氧化氮、二氧化氮、三氧化二氮、四氧化三氮、五氧化二氮等多种形式。空气中的氮氧化物主要以一氧化氮、二氧化氮的形式存在，主要来源于石化燃料高温燃烧和硝酸、化肥等生产排放的废气以及汽车尾气。

一氧化氮是无色、无臭、微溶于水的气体，在大气中易被氧化为二氧化氮。二氧化氮为红棕色、有强烈刺激性臭味的气体，具有腐蚀性和较强的氧化性，是引起支气管炎等呼吸道疾病的有害气体。

标准扫一扫

M3-6
HJ 479—2009

空气中一氧化氮、二氧化氮可以分别测定，也可以测定二者总值，常用的测定方法是盐酸萘乙二胺分光光度法。该方法灵敏准确，操作简便，显色稳定，为国内外广泛使用，被我国推荐为测定空气中二氧化氮的标准方法。

另外，利用化学发光法测定空气中的二氧化氮，具有快捷灵敏、稳定性及选择性好等优点，被许多国家和世界卫生组织全球监测系统作为标准方法，并为国际准标准化组织所推荐（ISO/CD10498），具体方法可参阅相关资料。

（1）方法原理　二氧化氮被吸收在溶液中形成亚硝酸（HNO_2），与对氨基苯磺酸起重氮化反应，再与盐酸萘乙二胺偶合，生成玫瑰红色偶氮染料。于波长 540～545nm 测定显色溶液的吸光度，根据吸光度的数值及采样体积，计算出空气中二氧化氮（NO_2）浓度，以 mg/m^3 表示。

$$2NO_2 + H_2O \longrightarrow HNO_2 + HNO_3$$

$$HO_3S-\!\!\!\!\bigcirc\!\!\!\!-NH_2 + HNO_2 + CH_3COOH \longrightarrow \left[HO_3S-\!\!\!\!\bigcirc\!\!\!\!-\overset{+}{N}\!\equiv\!N\right]CH_3COO^- + 2H_2O$$

对氨基苯磺酸　　　　　　　　　　　　　　　　　重氮化合物

$$\left[HO_3S-\!\!\!\!\bigcirc\!\!\!\!-\overset{+}{N}\!\equiv\!N\right]CH_3COO^- + C_{10}H_7NHCH_2CH_2NH_2 \cdot 2HCl \longrightarrow$$

$$HO_3S-\!\!\!\!\bigcirc\!\!\!\!-N\!=\!N-C_{10}H_6NHCH_2CH_2NH_2 \cdot 2HCl + CH_3COOH$$

（2）适用范围　本标准的方法检出限为 $0.36\mu g/10mL$ 吸收液。当吸收液总体积为 10mL 采样体积为 24L 时，空气中氮氧化物的检出限为 $0.015mg/m^3$；当吸收液总体积为 50mL 采样体积为 288L 时，空气中氮氧化物的检出限为 $0.006mg/m^3$。本方法的测定范围为 $0.024\sim2.0mg/m^3$。

（3）结果计算　按下式计算出空气中二氧化氮的浓度 c_{NO_2}：

$$c_{NO_2} = \frac{(A - A_0 - a) \times VD}{bfV_0} \tag{3-7}$$

式中　c_{NO_2}——二氧化氮的浓度，mg/m^3；

　　　A——样品溶液吸光度；

　　　A_0——试剂空白液吸光度；

　　　a——标准曲线的截距；

　　　b——标准曲线的斜率；

　　　V_0——换算为标准状态下（0℃，101.325kPa）的采样体积，L；

　　　V——采样用的吸收液的体积，mL；

　　　D——分析时样品溶液的稀释倍数；

　　　f——Saltzman 试验系数，0.88（当空气中二氧化氮浓度高于 $0.72mg/m^3$ 时，f 取值 0.77）。

（4）注意事项

① 配制吸收液时，应避免在空气中长时间暴露，以免吸收空气中的氮氧化物。光照射能使吸收液显色，因此在采样、运送及存放过程中，都应采取避光措施。

② 亚硝酸钠（固体）应妥善保存。部分氧化成硝酸钠或呈粉末状的试剂都不能用直接法配制标准溶液。

③ 若试验时斜率达不到要求，应检查亚硝酸钠试剂的质量、标准溶液的配制，重新配制标准溶液；若截距达不到要求，应检查蒸馏水及试剂质量，重新配制吸收液。

任务实施

操作1　二氧化氮的测定

一、目的要求

1. 了解大气污染物的布点采样方法和原理；

2. 掌握大气采样器的构造及工作原理；

3. 掌握盐酸萘乙二胺分光光度法测定大气中 NO_x 浓度的分析原理及可见分光光度计的操作技术。

二、方法原理

大气中的氮氧化物主要有一氧化氮、二氧化氮、五氧化二氮、氧化二氮等。测定大气中的氮氧化物主要是测定其中的一氧化氮、二氧化氮。若测定二氧化氮的浓度，可直接用溶液吸收法采集大气样品；若测定一氧化氮和二氧化氮的总量，则应先用三氧化铬将一氧化氮氧化成二氧化氮后，进入溶液吸收瓶。二氧化氮被吸收液吸收后，生成亚硝酸和硝酸，其中，亚硝酸与对氨基苯磺酸发生重氮化反应，再与盐酸萘乙二胺偶合，生成玫瑰红色偶氮染料，根据其颜色深浅，用分光光度法定量。因为 NO_2（气）转变 NO_2^-（液）的转换系数为0.88，故在计算结果时应除以0.88。

三、仪器与试剂

1. 综合采样器或大气采样器。

2. 多孔玻板吸收管。

3. 双球玻璃管（内装三氧化铬-砂子）。

4. 具塞比色管。

5. 可见分光光度计。

6. 所有试剂均用不含亚硝酸根的重蒸馏水配置。其检验方法是：所配制的吸收液对540nm 光的吸光度不超过0.005（10mm 比色皿）。

7. 显色液：称取5.0g 对氨基苯磺酸，置于200mL 烧杯中，将50mL 乙酸与900mL水的混合液分数次加入烧杯中，搅拌使其溶解，并迅速转入1000mL 棕色容量瓶中，待对氨基苯磺酸溶解后，加入0.03g 盐酸萘乙二胺，用水稀释至标线，摇匀，储于棕色瓶中。此为显色液，25℃以下暗处可保存一月。

采样时，按四份显色液一份水的比例混合成采样用的吸收液。

8. 亚硝酸钠标准储备液：将粒状亚硝酸钠（优级纯）在干燥器内放置24h，称取0.3750g 溶于水，然后移入1000mL 容量瓶中，用水稀释至标线。此溶液浓度为250μg NO_2^-/mL，储于棕色瓶中，存放在冰箱里，可稳定三个月。

9. 亚硝酸钠标准使用液：临用前，吸取1.00mL 亚硝酸钠标准储备液于100mL 容量瓶中，用水稀释至标线。此溶液浓度为2.5μg NO_2^-/mL。

四、测定步骤

（1）采样及样品保存：将10mL 采样用的吸收液注入多孔玻板吸收管中，吸收管的出气口与大气采样器相连接，以0.4L/min 的流量避光采样至吸收液呈浅玫瑰红色为止（采气6～24L）。如不变色，应加大采样流量或延长采样时间。在采样同时，应检测采样现场的温度和大气压力，并做好记录。

（2）标准曲线的绘制：取6支10mL 比色管，按下表所列数据配制标准色列。

编号	0	1	2	3	4	5
NO_2^- 标准使用液/mL	0.00	0.40	0.80	1.20	1.6	2.00
吸收原液/mL	8.00	8.00	8.00	8.00	8.00	8.00
水/mL	2.00	1.60	1.20	0.80	0.40	0.00
NO_2^- 含量/(μg/mL)	0.00	0.10	0.20	0.30	0.40	0.50

加完试剂后，摇匀，避免阳光直射，放置20min，用1cm比色皿，于波长540nm处，以水为参比，测定吸光度。扣除空白试剂的吸光度以后，对应 NO_2^- 的浓度 μg/mL，用最小二乘法计算标准曲线的回归方程。用测得的吸光度对5mL溶液中亚硝酸根离子含量（μg）绘制标准曲线，并计算各点比值。

（3）样品的测定：采样后，室温放置20min，20℃以下时放置40min以上。将吸收液移入比色皿中，与标准曲线绘制时的条件相同，测定空白和样品的吸光度。

五、数据记录与处理

1. 标准曲线的吸光度

编号	0	1	2	3	4	5
NO_2^- 标准使用液/mL	0.00	0.40	0.80	1.20	1.6	2.00
NO_2^- 含量/(μg/mL)	0.00	0.10	0.20	0.30	0.40	0.50
吸光度 A						

2. 测定

温度：　　　　　　　　　　大气压力：

编号	1	2
移取体积/mL		
吸光度 A		
NO_2 含量/(mg/L)		
NO_2 含量的平均值/(mg/L)		
相对平均偏差/%		

2. 二氧化硫的测定（HJ 482—2009）

二氧化硫是无色、有刺激性气味的气体，比空气重，溶于水，也溶于乙醇、乙醚，能氧化为三氧化硫，主要来源于煤、石油等燃料中的含硫化合物燃烧，含硫矿石的冶炼，硫酸等化工厂排放的废气。二氧化硫通过呼吸进入气管，对局部组织产生刺激和腐蚀作用，是诱发支气管炎等疾病的原因之一，特别是当它与烟尘等气溶胶共存时，可加重对呼吸道黏膜的损害。二氧化硫的味阈值是 $0.3\mu L$/L，浓度达到 $30\sim40\mu L$/L 时，人呼吸感到困难。

标准扫一扫

M3-7
HJ 482—2009

本书主要介绍采用分光光度法测定空气中的二氧化硫。另外，采用紫外荧光法测定，简捷方便，灵敏度高，在连续自动监测方面有独特的优势，所以被许多国家采用。国际标准 ISO/CD 10498 就是采用紫外荧光法测定空气中二氧化硫。具体方法可参阅相关资料，本书不再赘述。

（1）**方法原理**　空气中的二氧化硫被甲醛缓冲溶液吸收后，可生成稳定的甲基磺酸加成化合物。在样品溶液中加入氢氧化钠使加成化合物分解，释放出的二氧化硫再与盐酸副玫瑰苯胺、甲醛作用，生成紫红色化合物，用分光光度计在 557nm 处测定显色溶液的吸光度，根据吸光度的数值换算出二氧化硫的浓度。

（2）适用范围　10mL 样品溶液中含 $0.3 \sim 20\mu g$ 二氧化硫。当采样体积为 20L 时，则可测浓度范围为 $0.015 \sim 1mg/m^3$。

（3）结果计算

① 将采样体积换算成标准状态下的采样体积：

$$V_0 = V_t \times \frac{T_0}{273+t} \times \frac{p}{p_0} \tag{3-8}$$

式中　V_0——换算成标准状态下的采样体积，L；

　　　V_t——采样体积，L；

　　　T_0——标准状态下的热力学温度，273K；

　　　t——采样时采样点的温度，℃；

　　　p_0——标准状态下的大气压力，101.3kPa；

　　　p——采样时采样点的大气压力，kPa。

② 按下式计算出大气中二氧化硫的浓度 c_{SO_2}：

$$c_{SO_2} = \frac{(A - A_0) \times B_s}{V_0} \tag{3-9}$$

式中　c_{SO_2}——二氧化硫的浓度，mg/m^3；

　　　A——样品溶液吸光度；

　　　A_0——试剂空白液吸光度；

　　　B_s——由标准曲线得到的计算因子，μg/吸光度单位；

　　　V_0——换算为标准状态下（0℃，101.3kPa）的采样体积，L。

（4）注意事项

① 方法比较：四氯汞盐-盐酸副玫瑰苯胺分光光度法（HJ 483—2009）是国内外广泛采用的测定环境空气中 SO_2 的方法，具有灵敏度高、选择性好等优点，但吸收液毒性较大。甲醛吸收-副玫瑰苯胺分光光度法（HJ 482—2009）也适用于环境空气中 SO_2 测定。这两个方法的精密度、准确度、选择性和检出限相近，但甲醛-副玫瑰苯胺分光光度法避免使用毒性大的含汞吸收液，目前多采用此方法。

② 干扰与消除：测定中主要干扰物为氮氧化物、臭氧及某些重金属元素。样品放置一段时间可使臭氧自动分解；加入氨磺酸钠溶液可消除氮氧化物的干扰；加入 CDTA 可以消除或减少某些金属离子的干扰。在 10mL 样品中存在 $5\mu g$ 钙、铁、镍、镉、铜等离子及 $5\mu g$ 二价锰离子时，不干扰测定。

③ 条件控制：正确掌握本标准的显色温度、显色时间，特别在 $25 \sim 30℃$ 条件下，严格控制反应条件是试验成败的关键。

④ 采样时应注意检查采样系统的气密性、流量、温度，及时更换干燥剂及限流孔前的过滤膜，用皂膜流量计校准流量，做好采样记录。

⑤ 因六价铬能使紫红色化合物褪色，使测定结果偏低，故应避免用硫酸-铬酸洗液洗涤玻璃仪器。若已洗，可用（1+1）盐酸溶液泡 1h 后，用水充分洗涤，烘干备用。

⑥ 用过的比色皿及比色管应及时用酸洗涤，否则红色难以洗涤。具塞比色管用（1+1）盐酸溶液洗涤，比色皿用（1+4）盐酸溶液加 1/3 体积乙醇的混合液洗涤。

⑦ 在分析环境空气样品时，盐酸副玫瑰苯胺溶液的纯度对试剂空白液的吸光度影响很大，可使用精制的商品盐酸副玫瑰苯胺试剂。

🌱 任务实施

操作 2 二氧化硫的测定

一、目的要求

1. 了解大气污染物的布点采样方法和原理；

2. 掌握大气采样器的构造及工作原理；

3. 掌握盐酸副玫瑰苯胺分光光度法测定大气中 SO_2 浓度的分析原理及操作技术。

二、方法原理

详细方法原理见任务六中测定二氧化硫部分。

三、仪器与试剂

1. 多孔玻板吸收管：普通型，内装 10mL 吸收液。

2. 空气采样器：流量范围 0.1～1.0L/min，流量稳定。采样前，用皂膜流量计校准采样系统在采样前和采样后的流量，流量误差应小于 5%。

3. 具塞比色管：25mL。

4. 分光光度计：用 10mm 比色皿，在波长 570nm 处测吸光度。

5. 恒温水浴：在 0～40℃，要求可控制温度误差±1℃。

6. 可调定量加液器：5mL，加液管口内径 1.5～2mm。

7. 吸收液（甲醛-邻苯二甲酸氢钾缓冲液）

① 储备液 称量 2.04g 邻苯二甲酸氢钾和 0.364g 乙二胺四乙酸二钠（简称 EDTA-2Na）溶于水中，移入 1L 容量瓶中，再加入 5.30mL 37%甲醛溶液，用水稀释至刻度。

② 工作溶液 临用时，将上述吸收储备液用水稀释 10 倍。

8. 氢氧化钠溶液 $[c(NaOH)=1.5mol/L]$：称取 6.0g 氢氧化钠溶于 100mL 水中。

9. 氨基磺酸钠溶液（0.6%）：称取 0.6g 氨磺酸，加入 4.0mL 1.5mol/L 氢氧化钠溶液，用水稀释至 100mL。

10. 盐酸溶液（1.2mol/L）：量取浓盐酸（优级纯，$\rho_{20}=1.19g/mL$）100mL，用水稀释至 1000mL。

11. 4.5mol/L 磷酸溶液：量取浓磷酸（优级纯，$\rho_{20}=1.69g/mL$）307mL，用水稀释至 1000mL。

12. 盐酸副玫瑰苯胺溶液

① 0.25%盐酸副玫瑰苯胺储备液 称取 0.125g 盐酸副玫瑰苯胺（简称 PRA，$C_{19}H_{18}N_3Cl \cdot 3HCl$），用 1mol/L 盐酸溶液稀释至 50mL。

② 0.025%盐酸副玫瑰苯胺工作液 吸取 0.25%的储备液 25mL，移入 250mL 容量瓶中，用 4.5mol/L 磷酸溶液稀释至刻度，放置 24h 后使用。此溶液避光密封保存。

13. 碘液 $\left[c\left(\dfrac{1}{2}I_2\right)=0.10mol/L\right]$：称取 12.7g 碘于烧杯中，加入 40g 碘化钾和 25mL 水，搅拌至全部溶解后，用水稀释至 1L，储于棕色试剂瓶中。

14. 淀粉指示剂溶液（5g/L）：称取 0.5g 可溶性淀粉，用少量水调成糊状物，慢慢倒入 100mL 沸水中，继续煮沸直到溶液澄清，冷却后储于试剂瓶中。

15. 二氧化硫标准储备液：称取 0.2g 亚硫酸钠（Na_2SO_3）及 0.01g 乙二胺四乙酸二钠盐（EDTA-2Na）溶于 200mL 新煮沸并冷却的水中。此溶液每毫升含有相当于 320～400μg 二氧化硫。溶液需放置 2～3h 后标定其准确浓度。按标定计算的结果，立即用吸收液稀释成 25μg/mL 的二氧化硫标准储备液。

16. 二氧化硫标准工作溶液：用吸收液将标准储备液稀释成 1μg/mL 的二氧化硫标准工作液，储于冰箱可保存一个月。4～5℃以下冷藏，可稳定 1 个月。

17. 硫代硫酸钠溶液 $[c(Na_2S_2O_3)=0.1mol/L]$：称取 25g 硫代硫酸钠 $(Na_2S_2O_3 \cdot 5H_2O)$ 溶于 1L 新煮沸但已冷却的水中，加 0.2g 无水碳酸钠，储于棕色试剂瓶中，放置一周后标定其浓度，当溶液呈现浑浊时，应该过滤。

标定方法：吸取 20.00mL 碘酸钾 $\left[c\left(\dfrac{1}{6}KIO_3\right)=0.1000mol/L\right]$ 标准溶液置于 250mL 碘量瓶中，加 70mL 新煮沸但已冷却的水，再加 1g 碘化钾，振荡至完全溶解后，再加 10mL 1.2mol/L 盐酸溶液，立即盖好瓶塞、混匀。在暗处放置 5min 后，用硫代硫酸钠溶液滴定至淡黄色，加 2mL 5g/L 淀粉指示剂，继续滴定至蓝色刚好褪去。硫代硫酸钠浓度按下式计算：

$$c(Na_2S_2O_3) = \frac{c\left(\dfrac{1}{6}KIO_3\right) \times V_{KIO_3}}{V_{Na_2S_2O_3}}$$

式中　$V_{Na_2S_2O_3}$ ——消耗硫代硫酸钠溶液体积，mL；

　　　　V_{KIO_3} ——吸取碘酸钾标准溶液体积，mL；

$c(Na_2S_2O_3)$ ——硫代硫酸钠溶液的浓度，mol/L；

$c\left(\dfrac{1}{6}KIO_3\right)$ ——碘酸钾标准溶液的浓度，mol/L。

18. 硫代硫酸钠溶液（0.05mol/L）：取 50.00mL 标定过的硫代硫酸钠溶液置于 500mL 容量瓶中，用新煮沸而且已冷却的水稀释至标线。

四、操作步骤

1. 采样和样品保存

（1）采集

① 短时间采样（30～60min 样品）　用普通型多孔玻板吸收管，内装 10mL 吸收液，以 0.5L/min 流量，采样 45～60min。

② 连续采样（24h 样品）　用大型多孔玻板吸收管，内装 50mL 吸收液，以 0.2L/min 流量，采样 24h。

（2）样品保存　采样时吸收液温度应保持在 30℃ 以下，采样、运输、储存过程中要避免日光直接照射样品。应及时记录采样点气温和大气压力。当气温高于 30℃ 时，样品若不能当天分析，应储存于冰箱。

2. 分析步骤

（1）标准曲线的绘制　取 16 支 10mL 具塞比色管，分 A、B 两组，每组 7 支，分别对应编号。A 组按下表配制标准系列：

管号	0	1	2	3	4	5	6
标准溶液体积/mL	0.00	0.50	1.00	2.00	5.00	8.00	10.00
吸收溶液体积/mL	10.00	9.50	9.00	8.00	5.00	2.00	0
二氧化硫含量/μg	0	0.5	1.00	2.00	5.00	8.00	10.00

在 A 组各管中分别加入 0.5mL 0.6％氨磺酸钠溶液、0.5mL 1.5mol/L 氢氧化钠溶液，充分混匀。

在 B 组各管中分别加入 1.00mL 盐酸副玫瑰苯胺溶液。

将 A 组各管的溶液迅速地全部倒入对应编号并盛有盐酸副玫瑰苯胺溶液的 B 管中，立即盖塞颠倒混匀，放入恒温水浴中显色。在波长 570nm 处，用 1cm 比色皿，以水为参比溶液测定吸光度。以吸光度对二氧化硫含量（μg）绘制标准曲线。用最小二乘法计算标准曲线的回归方程。

显色温度与室温之差不应超过 3℃。根据季节和环境条件按下表选择合适的显色温度与显色时间：

显色温度/℃	10	15	20	25	30
显色时间/min	40	20	15	10	5
稳定时间/min	50	40	30	20	10

（2）样品测定　样品中若有颗粒物，应离心分离除去。

① 将吸收管中的样品溶液全部移入 25mL 比色管中，用少量水洗涤吸收管，并入比色管中，加水补充体积为 10mL。样品放置 20min，以使臭氧分解。按标准曲线的绘制步骤操作测定。

② 在每批样品测定的同时，用 10mL 未采样的吸收液做试剂空白测定，并配制一个含 10μg 二氧化硫的标准控制管，作样品分析中质量控制用。

③ 样品溶液、试剂空白和标准控制管按标准曲线进行测定。样品的测定条件应与标准曲线的测定条件控制一致。

五、数据记录与处理

（1）标定 $Na_2S_2O_3$ 溶液

检验项目 ＼ 测定次数	1	2			
移取碘酸钾体积/mL					
初读数/mL					
末读数/mL					
消耗数/mL					
滴定管体积校正值/mL					
滴定管温度校正值/mL					
实际消耗 $Na_2S_2O_3$ 标液体积/mL					
标准溶液浓度 $c(Na_2S_2O_3)$/(mol/L)					
$c(Na_2S_2O_3)$ 平均值/(mol/L)					
相对平均偏差/%					
计算公式					
备注					

（2）SO₂ 标准溶液

检验项目 \ 测定次数	1	2	空白1	空白2
SO₂ 液体积/mL				
移液管温度校正值/mL				
试液实际体积/mL				
初读数/mL				
末读数/mL				
消耗数/mL				
滴定管体积校正值/mL				
滴定管温度校正值/mL				
实际消耗 $Na_2S_2O_3$ 标液体积/mL				
$c(Na_2S_2O_3)$/(mol/L)				
$\rho(SO_2)$/(μg/mL)				
$\rho(SO_2)$ 平均值/(μg/mL)				
相对平均偏差/%				
计算公式				
备注				

（3）标准曲线的绘制

管号	0	1	2	3	4	5	6
标准溶液体积/mL	0.00	0.50	1.00	2.00	5.00	8.00	10.00
吸收溶液体积/mL	10.00	9.50	9.00	8.00	5.00	2.00	0
二氧化硫含量/μg	0	0.5	1.00	2.00	5.00	8.00	10.00
吸光度 A							

（4）样品测定

温度：　　　　　　大气压力：

编号	1	2
移取体积/mL		
吸光度 A		
SO₂ 含量/(mg/L)		
SO₂ 含量的平均值/(mg/L)		
相对平均偏差/%		

3. 苯系物的测定（HJ 583—2010）

气体中苯系物的测定方法有两种：活性炭吸附二硫化碳解吸气相色谱法和固体吸附热脱附气相色谱法。苯系物的测定方法主要是气相色谱法。二硫化碳毒性大，不利于分析人员的健康，应慎用，建议优先选用热解吸方法。另外，可选用与标准分析方法规定不同，但可满足分析要求的其他色谱柱。本书重点介绍活性炭吸附二硫化碳解吸气相色谱法测定空气中苯系物。

（1）方法原理　空气中苯、甲苯、二甲苯用活性炭管采集，然后用二硫化碳提取出来。

用氢火焰离子化检测器的气相色谱仪分析，以保留时间定性、峰高（峰面积）定量。

采样量为 20L 时，用 1mL 二硫化碳提取，进样 $1\mu L$，苯的测定范围为 $0.025\sim20mg/m^3$，甲苯为 $0.05\sim20mg/m^3$，二甲苯为 $0.1\sim20mg/m^3$。

（2）样品分析

① 样品分析：将采样管中的活性炭倒入具塞刻度试管中，加 1.0mL 二硫化碳，塞紧管塞，放置 1h，并不时振摇。取 $1\mu L$ 进样，用保留时间定性、峰高（峰面积）定量。每个样品做三次分析，求峰高（峰面积）的平均值。同时，取一个未经采样的活性炭管跟样品管同时操作，测量空白管的平均峰高（峰面积）。

② 分析结果的计算：将采样体积换算成标准状态下的采样体积。空气中苯、甲苯和二甲苯的浓度按式(3-10)计算：

$$c=\frac{(h-h')\times B_s}{V_0 E_s} \tag{3-10}$$

式中　c——空气中苯或甲苯、二甲苯的浓度，mg/m^3；

　　　h——样品峰高（峰面积）的平均值；

　　　h'——空白管的峰高（峰面积）；

　　　B_s——由绘制标准曲线得到的计算因子，$\mu g/$吸光度单位；

　　　E_s——由试验确定的二硫化碳提取的效率；

　　　V_0——标准状况下采样体积，L。

（3）质量保证与质量控制

① 采样器采样前或采样过程中发现流量有较大的波动时，均应使用皂膜流量计进行流量校正。如果采样前后流量变化大于 10%，分析结果应为可疑数据。

② 每次样品分析前后必须进行中间浓度检验，当样品多于 10 个时，每 10 个样品进行一次前后的中间浓度检验，中间浓度的实际值与曲线所得值的偏差≤15%，则样品的分析数据有效。

③ 每次采样时应做一个过程空白（采样管带到现场打开采样管的两端，不进行采样，然后同采样的采样管一样密封，带到实验室后与样品一样进行分析，分析的结果则为过程空白）。

④ 每次采样，样品在 10 个之内和每 10 个样品应做一个平行样，平行样的偏差应≤25%。

（4）注意事项

① 用注射器采样后，垂直放置，针头向下，对苯、甲苯、二甲苯、苯乙烯测定前可保存 13h（最好快速分析）。样品测定后，立即盖上聚四氟乙烯帽，并放在密封袋中保存，密封袋应放在装有活性炭的盒子中，于 4℃ 保存。

② 方法特性

a. 检测下限：采样量为 10L，用 1mL 二硫化碳提取，进样 $1\mu L$ 时，苯、甲苯和二甲苯检测下限分别为 $0.025mg/m^3$、$0.05mg/m^3$ 和 $0.1mg/m^3$。

b. 线性范围：10^6。

c. 精密度：苯的浓度为 $8.78\mu g/mL$ 和 $21.9\mu g/mL$ 的液体样品，重复测定的相对标准偏差分别为 7% 和 5%；甲苯浓度为 $17.3\mu g/mL$ 和 $43.3\mu g/mL$ 液体样品，重复测定的相对标准偏差分别为 5% 和 4%；二甲苯浓度为 $35.2\mu g/mL$ 和 $87.9\mu g/mL$ 液体样品，重复测定的相对标准偏差分别为 5% 和 7%。

d. 准确度：对苯含量为 $0.5\mu g$、$21.1\mu g$ 和 $200\mu g$ 的回收率分别为 95%、94% 和 91%，甲苯含量为 $0.5\mu g$、$41.6\mu g$ 和 $500\mu g$ 的回收率分别为 99%、99% 和 93%，二甲苯含量为

$0.5\mu g$、$34.4\mu g$ 和 $500\mu g$ 的回收率分别为 101%、100% 和 90%。

③ 干扰和排除。空气中水蒸气或水雾量太大，以至在活性炭管中凝结时，严重影响活性炭的穿透容量和采样效率。空气湿度在 90% 时，活性炭管的采样效率仍然符合要求。空气中的其他污染物干扰由于采用了气相色谱分离技术，选择合适的色谱分离条件就可以消除。

4. 甲醛的测定（GB/T 15516—1995）

甲醛是一种无色、具有刺激性且易溶于水的气体。它主要来源于建筑材料、装修物品及生活用品等在室内的使用。甲醛对人体健康的影响主要表现在对皮肤黏膜的刺激作用，甲醛在室内达到一定浓度时，人就有不适感。大于 $0.08mg/m^3$ 的甲醛浓度可引起眼红、眼痒、咽喉不适或疼痛、声音嘶哑、喷嚏、胸闷、气喘、皮炎等。新装修的房间甲醛含量较高，是众多疾病的主要诱因。

标准扫一扫
M3-8
GB/T 15516—95

甲醛的测定方法有分光光度法和气相色谱法等。本书重点介绍乙酰丙酮分光光度法测定空气中甲醛的含量。

（1）方法原理　甲醛气体经水吸收后，在 pH＝6 的乙酸-乙酸铵缓冲溶液中与乙酰丙酮作用，在沸水浴条件下，迅速生成稳定的黄色化合物，在波长 413nm 处测定吸光度。在采样体积为 $0.5\sim10.0L$ 时，测定范围为 $0.5\sim800mg/m^3$。

$$H-\overset{O}{\underset{}{C}}-H+NH_3+2\left[CH_3-\overset{O}{\underset{}{C}}-CH_2-\overset{O}{\underset{}{C}}-CH_3\right] \longrightarrow CH_3-\overset{O}{\underset{}{C}}-CH_2-\underset{N}{\bigcirc}-CH_2-\overset{O}{\underset{}{C}}-CH_3+H_2O$$

（2）适用范围　本方法适用于树脂制造、涂料、人造纤维、塑料、橡胶、染料、制药、油漆、制革等行业的排放废气，以及做医药消毒、防腐、熏蒸时产生的甲醛蒸气的测定。

（3）测定　用甲醛标准溶液配制标准色列，加 0.25% 乙酰丙酮溶液 2.0mL，混匀，置于沸水浴中加热 3min，取出冷却至室温，用 1cm 吸收池，以蒸馏水为参比，于波长 413nm 处测定吸光度。将上述系列标准溶液测得的吸光度 A 值扣除试剂空白后绘制标准曲线。用同样的方法测定样品溶液，经实际空白校正后，计算甲醛含量。

（4）结果计算　将采样体积换算成标准状况下的采样体积。空气中的甲醛浓度：

$$c=\frac{2\times(A-A_0)\times B_s}{V_0};\text{或 } c=\frac{(A-A_0)\times B_s}{V_0}\times\frac{V_1}{V_2} \tag{3-11}$$

式中　c——空气中的甲醛浓度，mg/m^3；

A——样品溶液的吸光度；

A_0——试剂空白溶液的吸光度；

B_s——用标准溶液绘制标准曲线得到的计算因子，μg/吸光度单位；

V_0——标准状态下的采样体积，L；

V_1——采样时吸收液体积，mL；

V_2——分析时取样品体积，mL。

（5）注意事项

① 采样效率：串联两个普通型气泡吸收管，前管吸收效率达 100%。

② 干扰物：酚含量 $15mg/m^3$ 和乙醛 $3mg/m^3$ 以下，不干扰测定。

③ 本法显色反应：含有甲醛的溶液中加乙酰丙酮和铵盐混合液后加热，生成 3,5-二乙酰基-1,4-二氢二甲基吡啶，在 412nm 具有最大吸收。

④ 乙酰丙酮试剂配制前，需新蒸馏。否则试剂不纯，影响结果。

⑤ 微量甲醛的水溶液极不稳定，标准溶液配制后，应立即作标准曲线。

⑥ 本反应保持溶液 pH 值为 6 时，显色稳定，因此溶液中需加入乙酸铵-乙酸缓冲溶液。

⑦ 反应需在沸水浴加热 3min 才能显色完全，稳定 12h 以上。若在室温下，反应缓慢，显色随时间逐渐加深，2h 后才趋于稳定。

任务实施

操作 3　甲醛的测定

一、目的要求

1. 掌握甲醛测定的基本方法；

2. 熟练使用大气采样器和分光光度计。

二、方法原理

甲醛气体经水吸收后，在 pH＝6 的乙酸-乙酸铵缓冲溶液中，与乙酰丙酮作用，在沸水浴条件下，迅速生成稳定的黄色化合物，在波长 413nm 处测定吸光度。

本方法的检出限为 $0.25\mu g$，在采样体积为 30L 时，最低检出浓度为 $0.008mg/m^3$。

三、仪器与试剂

1. 不含有机物的蒸馏水：加少量高锰酸钾的碱性溶液于水中再进行蒸馏即得（在整个蒸馏过程中水应始终保持红色，否则应随时补加高锰酸钾）。

2. 吸收液：不含有机物的重蒸馏水。

3. 乙酸铵（NH_4CH_3COO）。

4. 乙酸（CH_3COOH）：$\rho＝1.055g/mL$。

5. 乙酰丙酮溶液，0.25%（体积分数）：称 25g 乙酸铵，加少量水溶解，加 3mL 乙酸及 0.25mL 新蒸馏的乙酰丙酮，混匀再加水至 100mL，调整 pH＝6.0，此溶液于 2～5℃ 储存，可稳定一个月。

6. 0.1000mol/L 碘溶液：称量 40g 碘化钾，溶于 25mL 水中，加入 12.7g 碘。待碘完全溶解后，用水定容至 1000mL。移入棕色瓶中，暗处储存。

7. 1mol/L 氢氧化钠溶液：称量 40g 氢氧化钠，溶于水中，并稀释至 1000mL。

8. 0.5mol/L 硫酸溶液：取 28mL 浓硫酸缓慢加入水中，冷却后稀释至 1000mL。

9. 0.1000mol/L 硫代硫酸钠标准溶液：可购买标准试剂配制。

10. 0.5% 淀粉溶液：将 0.5g 可溶性淀粉，用少量水调成糊状后，再加入 100mL 沸水，并煮沸 2～3min 至溶液透明。冷却后，加入 0.1g 水杨酸或 0.4g 氯化锌保存。

11. 甲醛标准储备溶液：取 2.8mL 含量为 36%～38% 的甲醛溶液，放入 1L 容量瓶中，加水稀释至刻度。此溶液 1mL 约相当于 1mg 甲醛。其准确浓度可用碘量法标定。

12. 甲醛标准使用溶液：用水将甲醛标准储备液稀释成 $5.00\mu g/mL$ 甲醛标准使用液，甲醛标准使用液应临用时现配。

13. 空气采样器。

14. 气泡吸收管：10mL。

15. 具塞比色管：10mL，带 5mL 刻度，经校正。

16. 分光光度计。

17. 空盒气压表。

18. 水银温度计：0～100℃。

19. 水浴锅。

四、操作步骤

1. 样品的采集和保存

日光照射能使甲醛氧化，因此在采样时选用棕色吸收管，在样品运输和存放过程中，都应采取避光措施。棕色气泡吸收管装 5mL 吸收液，以 0.5～1.0L/min 的流量，采气 45min 以上。采集好的样品于室温避光储存，2d 内分析完毕。

2. 标准曲线的绘制

取 7 支 10mL 具塞比色管按下表配制标准色列：

管号	0	1	2	3	4	5	6
甲醛($5.00\mu g/mL$)/mL	0.0	0.1	0.4	0.8	1.2	1.6	2.00
甲醛/μg	0.0	0.5	2	4	6	8	10

于上述标准系列中，用水稀释定容至 5.0mL 刻线，加 0.25％乙酰丙酮溶液 2.0mL，混匀，置于沸水浴中加热 3min，取出冷却至室温，用 1cm 吸收池，以水为参比，于波长 413nm 处测定吸光度。将上述系列标准溶液测得的吸光度 A 值扣除试剂空白（零浓度）的吸光度 A_0 值，便得到校准吸光度 y 值，以校准吸光度 y 为纵坐标，以甲醛含量 x（μg）为横坐标，绘制标准曲线，或用最小二乘法计算其回归方程式。注意"零"浓度不参与计算。

3. 样品测定

取 5mL 样品溶液试样（吸取量视试样浓度而定）于 10mL 比色管中，用水定容至 5.0mL 刻线，同标准曲线的测定方法进行分光光度测定。

五、数据记录及处理

1. 标准曲线的绘制

管号	0	1	2	3	4	5	6
甲醛/μg	0.0	0.5	2	4	6	8	10
A							

2. 样品测定

温度：　　　　　　　　　　　　　　　大气压力：

编号	1	2
移取体积/mL		
吸光度 A		
甲醛含量/(mg/L)		
甲醛含量的平均值/(mg/L)		
相对平均偏差/％		

5. 氨的测定（HJ 533—2009）

（1）方法原理　空气中氨吸收在稀硫酸中，与纳氏试剂作用生成黄色化合物，根据着色深浅，比色定量。反应方程式如下：

$$NH_3 + 3KOH + 2K_2[HgI_4] \longrightarrow O\begin{matrix}Hg\\ \\Hg\end{matrix}NH_2I + 7KI + 2H_2O$$

黄棕色

（2）适用范围　10mL 样品溶液中含 2～20μg 氨。按本法规定的条件采样 10min，样品可测浓度范围为 0.4～4mg/m^3。

（3）采样和样品保存　用一个内装 10mL 吸收液的气泡吸收管，以 0.5L/min 流量，采气 5L，及时记录采样点的温度及大气压力。采样后，样品在室温下保存，于 24h 内分析。

（4）样品测定

① 将样品溶液转入具塞比色管中，用少量的水洗吸收管，合并，使总体积为10mL。再按制备标准曲线的操作步骤测定样品的吸光度。

② 在每批样品测定的同时，用10mL未采样的吸收液做试剂空白测定。

③ 如果样品溶液吸光度超过标准曲线范围，则可用试剂空白稀释样品显色液后再分析。计算样品浓度时，要考虑样品溶液的稀释倍数。

（5）结果计算

① 将采样体积换算成标准状态下的采样体积。

$$V_0 = V_t \times \frac{T_0}{273+t} \times \frac{p}{p_0} \tag{3-12}$$

式中　V_0——换算成标准状态下的采样体积，L；

　　　V_t——采样体积，L；

　　　T_0——标准状态下的热力学温度，273K；

　　　t——采样时采样点的温度，℃；

　　　p_0——标准状态下的大气压力，101.325kPa；

　　　p——采样时采样点的大气压力，kPa。

② 按下式计算出空气中氨的浓度 c_{NH_3}（mg/m³）：

$$c_{NH_3} = \frac{(A-A_0)B_s D}{V_0} \tag{3-13}$$

式中　c_{NH_3}——氨的浓度，mg/m³；

　　　A——样品溶液吸光度；

　　　A_0——试剂空白吸光度；

　　　B_s——由标准曲线得到的计算因子，μg/吸光度单位；

　　　V_0——换算为标准状态下（0℃，101.325kPa）的采样体积，L；

　　　D——分析时样品溶液的稀释倍数。

（6）干扰和排除　对已知的各种干扰物，本法已采取有效措施进行排除，常见的 Ca^{2+}、Mg^{2+}、Fe^{3+}、Mn^{2+}、Al^{3+} 等多种阳离子低于 $10\mu g$ 不干扰，H_2S 允许量为 $5\mu g$，甲醛为 $2\mu g$，丙酮和芳香胺也有干扰，但样品中少见。

6. 总挥发性有机化合物（TVOC）的测定（GB 50325—2010）

总挥发性有机物：是利用 tenax GC 或 tenax TA 采样，非极性色谱柱（极性指数小于10）进行分析，保留时间在己烷和正十六烷之间的挥发性有机化合物。它可作为室内空气质量的指示剂，但并不是空气采样中挥发性有机化合物（VOCs）的总浓度。

挥发性有机化合物（VOCs）：根据 WHO（世界卫生组织）定义，挥发性有机化合物是指在常压下，沸点50～260℃的各种有机化合物。VOCs 主要有烷类、芳烃类、烯类、卤烃类、酯类、醛类、酮类等。

（1）方法原理　以 Tenax GC 或 Tenax TA 作吸附剂，用吸附管采集一定体积的空气样品，空气流中的挥发性有机化合物保留在吸附管中。采样后，将吸附管加热，解吸挥发性有机化合物，待测样品随惰性载气进入毛细管气相色谱仪。用保留时间定性，峰高或峰面积定量。

采样前处理和活化采样管吸附剂，可使干扰减到最小；选择合适的色谱柱和分析条件能将多种挥发性有机物分离，使共存物干扰问题得以解决。

（2）采样和样品保存

① 采样　将吸附管与采样泵用硅橡胶管连接。个体采样时，采样管垂直安装在呼吸带；

固定位置采样时，选择合适的采样位置，打开采样泵，调节流量，以保证在适当的时间内获得所需的采样体积（1～10L）。如果总样品量超过1mg，采样体积应相应减少。记录采样开始和结束的时间、采样流量、温度和大气压力。

② 保存　采样后将管取下，密封管的两端或将其放入可密封的玻璃管中。样品应尽快分析，可保存14d。

（3）样品测定

① 解吸和浓缩条件　将吸附管安装在热解吸仪上，加热，使挥发性有机物从吸附剂上解吸下来，并被载气流带入冷阱，进行预浓缩，载气流的方向与采样的方向相反。然后再以低流速快速从冷阱上解吸，经传输线进入毛细管气相色谱仪。传输线的温度应足够高，以防止待测成分凝结。由于热解吸条件常因试验条件不同而有差异，因此，应根据所用热解吸仪的型号和性能，制定出最佳解吸条件。解吸条件可选择的参数见表3-8。

表 3-8　解吸条件

解吸温度/℃	250～325
解吸时间/min	5～15
解吸气流量/(mL/min)	30～50
冷阱的制冷温度/℃	−180～20
冷阱的加热温度/℃	250～350
冷阱的吸附剂/mg	40～100(如果使用，应与吸附管相符)
载气	氮气或高纯氮气
分流比	样品管和二级冷阱之间以及二级冷阱和分析柱之间的分流比应根据空气中的浓度来选择

② 色谱分析条件　选择非极性或弱极性色谱柱，可选用膜厚度为 $1～5\mu m$、$50m×0.22mm$ 的石英毛细管柱，固定相可以是二甲基硅氧烷或 7％的氰基丙烷、7％的苯基、86％的甲基硅氧烷。柱操作条件为：程序升温，初始温度 50℃ 保持 10min，以 5℃/min 的速率升温至 250℃。

③ 标准曲线的绘制

a. 气体外标法　用泵准确抽取 $100\mu g/m^3$ 的标准气体 100mL、200mL、400mL、1L、2L、4L、10L 通过吸附管，制备标准系列。

b. 液体外标法　利用设备中的进样装置，取 $1～5\mu L$ 含液体组分 $100\mu g/mL$ 和 $10\mu g/mL$ 的标准溶液注入吸附管，同时用 100mL/min 的惰性气体通过吸附管，5min 后取下吸附管密封，制备标准系列。

用热解吸气相色谱法分析吸附管标准系列，以扣除空白后峰面积的对数为纵坐标，以单一组分量的对数为横坐标，绘制标准曲线。

④ 样品分析　每支样品吸附管按绘制标准曲线的操作步骤（即相同的解吸和浓缩条件及色谱分析条件）进行分析，用保留时间定性，峰面积定量。

（4）结果计算

① 将采样体积换算成标准状态下的采样体积：

$$V_0 = V_t \times \frac{T_0}{273+t} \times \frac{p}{p_0} \tag{3-14}$$

式中　V_0——换算成标准状态下的采样体积，L；

V_t——采样体积，L；

T_0——标准状态下的热力学温度，273K；

t——采样时采样点的温度，℃；

p_0——标准状态下的大气压力，101.3kPa；

p——采样时采样点的大气压力，kPa。

② 样品中待测组分的浓度按下式计算：

$$c = \frac{F - B}{V_0} \times 1000 \tag{3-15}$$

式中　c——样品中单一组分的浓度，$\mu g/m^3$；

　　　F——样品管中组分的质量，μg；

　　　B——空白管中组分的质量，μg；

　　　V_0——换算成标准状态下的采样体积，L。

③ TVOC 的计算

a. 应对保留时间在正己烷和正十六烷之间的所有化合物进行分析。

b. 计算 TVOC，包括色谱图中从正己烷到正十六烷之间的所有化合物。

c. 根据单一的校正曲线，对尽可能多的 VOCs 定量，至少应对十个最高峰进行定量，最后与 TVOC 一起列出这些化合物的名称和浓度。

d. 计算已鉴定和定量的挥发性有机化合物的浓度 S_{id}。

e. 用甲苯的响应系数计算未鉴定的挥发性有机化合物的浓度 S_{un}。

f. S_{id} 与 S_{un} 之和为 TVOC 的浓度或 TVOC 的值。

g. 如果检测到的化合物超出了 TVOC 定义的范围，那么这些信息应该添加到 TVOC 值中。

（5）方法特性

① 精密度　根据待测物的不同，在吸附管中加入 $10\mu g$ 的标准溶液，Tenax TA 的相对标准偏差为 $0.4\% \sim 2.8\%$。

② 准确度　20℃，相对湿度为 50% 的条件下，在吸附管中加入 $10mg/m^3$ 的正己烷，Tenax TA、Tenax GC（五次测定的平均值）的总不确定度为 8.9%。

③ 检测限　采样量为 10L 时，检测下限为 $0.5\mu g/m^3$。

二、监测颗粒污染物

（一）测定总悬浮颗粒物（HJ 618—2011/XG1—2018）

1. 方法原理

总悬浮颗粒物（简称 TSP）是指空气中粒径在 $100\mu m$ 以下的液体或固体颗粒。总悬浮颗粒微粒的测定，目前多采用重量法。采样方法有大流量采样法及中流量采样法，二者所采集的微粒粒径大多数在 $100\mu m$ 以下。方法的检测限为 $0.001mg/m^3$，TSP 含量过高或露天采样使滤膜阻力大于 10kPa 时，本方法即不适用。本书以中流量采样器测空气中 TSP 为例介绍，以大流量采样器测空气中 TSP 具体方法参见国家标准方法。

通过具有一定切割性的采样器，以恒速抽取定量体积的空气，空气中粒径小于 $100\mu m$ 悬浮微粒被阻留在滤膜上。根据采样前后滤膜的重量差及采样体积，即可计算总悬浮颗粒物的浓度。微粒滤膜经处理后，可进行组分分析。

标准扫一扫

M3-9
HJ 618—2011

2. 样品测定

① 仪器校准和准备：新购置或维修后的采样器在启用前需进行流量校准；正常使用的采样器每月进行一次校准。将滤膜放在恒温恒湿箱中平衡24h，平衡温度取15～30℃中任一点，记下平衡温度及湿度，称至恒重后记下滤膜重量 W_0（g）。

② 采样：将已恒重的滤膜用镊子小心取出，平放在滤膜采样夹的网板上（事先用纸擦净）。若用过氯乙烯滤膜，需揭去衬纸，将绒面向上放置，然后拧紧采样夹，安好采样头顶盖，以所需流量采样。如测小时浓度，每小时换一张滤膜；如测定日平均浓度，则需连续采集样品于一张滤膜上。采样时，应记录采气流量、现场的温度和大气压力以及采样持续的时间，直测到所要求的时数为止。

采样高度为3～5m。若在屋顶上采样，应距屋顶1.5m。采样点应选择在不接近烟囱、材料仓库、施工地点及停车场等有局部污染源的地方，也不能在靠近高墙、树木及屋檐下的地点采样。

采样后，用镊子小心取下滤膜，对折两次，叠成扇形，放回纸袋（或盒）中，若用过氯乙烯滤膜，则将叠为扇形的滤膜夹在衬纸中，再放回纸袋（或盒）中。取膜时，如发现滤膜损坏，或滤膜上空的边缘轮廓不清晰、滤膜安装歪斜（说明漏气），则本次采样作废，需重新采样。

③ 分析测定：将采样后的滤膜置于恒温恒湿箱中，用与滤膜平衡时相同的温度和湿度平衡24h后，称滤膜重量，记下滤膜重量 W（g），中流量滤膜增量应不小于10mg。

3. 数据处理

TSP计算公式如下：

$$\text{TSP}(\text{mg}/\text{m}^3) = \frac{(W - W_0) \times 1000}{V_r} \tag{3-16}$$

式中　W——样品滤膜的重量，g；

　　　W_0——空白滤膜的重量，g；

　　　V_r——实际采样体积，m^3。

4. 注意事项

① 滤膜上集尘较多或电源电压变化时，采样流量会有波动，应检查并调整。

② 抽气动力的排气口应放在采样夹的下风方向。必要时将排气口垫高，以免排气将地面上尘土扬起。

③ 称量不带衬纸的过氯乙烯滤膜，应在取放滤膜时，用金属镊子触一下天平盘，以消除静电的影响。

④ 方法的再现性：两台采样器安放在不大于4m、不小于2m的距离内，同时采样测定总悬浮颗粒物含量，相对偏差不大于15%。

⑤ 认真准备，谨慎使用滤膜和标准孔口流量计。

⑥ 注意测定时平衡条件的一致性。

⑦ 24h连续采样宜从8:00开始至第二天8:00结束，连续采样24h于一张滤膜上。如果污染比较严重，可采用几张滤膜分段采样，合并计算日平均浓度。

（二）PM$_{10}$和PM$_{2.5}$的测定（HJ 618—2011/XG1—2018）

（1）方法原理　PM$_{10}$是指悬浮在空气中，空气动力学粒径≤10μm的颗粒物。PM$_{2.5}$是指悬浮在空气中，空气动力学粒径≤2.5μm的颗粒物。目前多采用重量法。

详细方法原理见"操作4　PM$_{10}$和PM$_{2.5}$的测定"。

（2）样品测定　详细测定方法见"操作4　PM$_{10}$和PM$_{2.5}$的测定"。

⚠ 任务实施

操作 4　PM₁₀和 PM₂.₅的测定

一、目的要求

1. 掌握颗粒物测定的基本方法；

2. 熟练使用中流量采样器。

二、方法原理

采样方法有大流量采样法及中流量采样法，二者所采集的微粒径大多数在 $10\mu m$ 以下。分别通过具有一定切割特性的采样器，以恒速抽取定量体积空气，使环境空气中 PM_{10} 和 $PM_{2.5}$ 被截留在已知重量的滤膜上，根据采样前后滤膜的重量差和采样体积，计算出 PM_{10} 和 $PM_{2.5}$ 浓度。

三、仪器和材料

1. 中流量采样器；

2. 中流量孔口流量计：量程 $70\sim160L/min$；

3. U 形管压差计：最小刻度 $0.1kPa$；

4. 玻璃纤维滤膜；

5. 分析天平：称量范围 $\geqslant10g$，感量 $0.1mg$；

6. 恒温恒湿箱：箱内空气温度 $15\sim30℃$可调，控温精度 $\pm1℃$；箱内空气相对湿度控制在 $(50\pm5)\%$；

7. 镊子、滤膜袋（或盒）。

四、样品测定

1. 仪器校准和准备

新购置或维修后的采样器在启用前需进行流量校准；正常使用的采样器每月进行一次校准。将滤膜放在恒温恒湿箱中平衡 24h，平衡温度取 $15\sim30℃$中任一点，记下平衡温度及湿度，称至恒重后记下滤膜重量 W_0（g）。

2. 采样

将校准过流量的采样器入口取下，旋开采样头，将已恒重过的 $\phi50mm$ 的滤纸安放于冲击环下，同时于冲击环上放置环形滤纸，再将采样头旋紧，装上采样头入口，放于室内有代表性的位置，打开开关旋钮计时，将流量调至 $13L/min$，采样 24h，记录室内温度、压力及采样时间，注意随时调节流量，使保持 $13L/min$。

3. 分析测定

将采样后的滤膜置于恒温恒湿箱中，用与滤膜平衡时相同的温度和湿度平衡 24h 后，称滤膜重量，记下滤膜重量 W（g），中流量滤膜增量应不小于 10mg。

五、数据记录与处理

温度：　　　　　　　　　　　　　大气压力：

编号	1	2
PM_{10} 测定空白滤膜的重量/g		
PM_{10} 测定采样后滤膜重量/g		
PM_{10} 含量/$(\mu g/m^3)$		
PM_{10} 含量的平均值/$(\mu g/m^3)$		
相对平均偏差		

续表

编号	1	2
PM$_{2.5}$测定空白滤膜的重量/g		
PM$_{2.5}$测定采样后滤膜重量/g		
PM$_{2.5}$含量/(μg/m^3)		
PM$_{2.5}$含量的平均值/(μg/m^3)		
相对平均偏差		

任务七 综合评价

大气与废气监测综合评价参照相关标准进行评价，得出结论。

附件1：环境空气质量标准（GB 3095—2012）

附件2：大气污染物综合排放标准（GB 16297—1996）

附件3：锅炉大气污染物排放标准（GB 13271—2014）

标准扫一扫

M3-10
GB 3095—2012

标准扫一扫

M3-11
GB 16297—1996

标准扫一扫

M3-12
GB 13271—2014

💡 知识拓展

室内空气污染是指室内空气在正常成分之外，又增加了新的成分，或原有的成分增加，其数量、浓度和持续时间超过了室内空气的自净能力，而使空气质量恶化，对人们的健康和精神状态、生活、工作等方面产生影响的现象。

与室内空气污染有关的不良建筑综合征、建筑相关疾病，以及过敏性疾病已经引起了国内外科学家的广泛关注。我国的《室内空气质量标准》（GB/T 18883—2002）已于2003年3月1日起正式实施，要求室内空气应无毒、无害、无异常的臭味，并对室内小气候指标以及有毒有害物质共19种进行了限量。

室内环境检测就是运用现代科学技术方法以间断或连续的形式定量地测定环境因子及其他有害人体健康的室内环境污染物的浓度变化，观察并分析其环境影响过程与程度的科学活动。国家质检总局、卫生部、国家环保总局于2002年11月19日联合发布了GB/T 18883—2002《室内空气质量标准》。

💡 项目小结

1. 根据大气中污染物的转化来源，可将大气污染物分为一次污染物和二次污染物。大气中污染物质的存在状态由其自身的物理、化学性质及形成过程决定，气象条件也起一定作用，一般将它们分为分子状态污染物和粒子状态污染物。

2. 现在有三种技术路线在进行空气质量监测：瞬时采样法、24h 连续采样-实验室分析法、空气质量自动监测系统。目前，对城市环境空气质量的日常监测通过自动监测系统完成。

3. 污染源监测可根据污染源特点分为：固定源监测、流动源监测、无组织排放源监测以及恶臭气体监测。室内空气监测已越来越受到人们的重视，测定项目主要为挥发性有机物、颗粒物及放射性粒子等。遥感遥测技术用于环境空气的监测方法有车载式的遥感监测、航空遥感监测及资源环境卫星监测。

4. 监测网络设计的目的就是确定完成监测任务的最优化监测点位布设方案，力求用最少的点位，获得最有代表性的、能说明环境质量状况的监测数据。但监测网站的密度设计不仅应考虑任务目标，还受区域气候条件的变化、地形、地貌及监测经费等因素的制约，因此网络点位设计应遵循一定的原则和方法。

5. 环境监测点位的布设会根据监测对象的不同而有不同的要求。如环境空气质量监测点位的布设方法有功能区布点法、网格布点法、同心圆布点法和扇形布点法，室内监测的布点主要根据房间面积来确定，污染源监测则根据测定对象有不同的规定，具体可参考相关技术规范。

6. 在进行大气污染物采样时应认真填写采样记录表，根据污染物的状态和浓度选择合适的采样方式，采样体积应转化为标准状态体积，污染物浓度可用质量浓度或体积浓度表示，相互之间可进行转换。

7. 大气与废气监测包括气态污染物监测和颗粒物监测。

练一练测一测

一、填空题

1. 总悬浮颗粒物（TSP）是指悬浮在空气中，空气动力学当量直径≤_____ μm 的颗粒物。可吸入颗粒物（PM_{10}）是指悬浮在空气中，空气动力学当量直径≤_____ μm 的颗粒物。

2. 氮氧化物是指空气中主要以_____和_____形式存在的氮的氧化物的总称。

3. 影响空气中污染物浓度分布和存在形态的气象参数主要有_____、_____、_____、湿度、压力、降水以及太阳辐射等。

4. 环境空气中颗粒物的采样方法主要有：_____法和_____法。

5. 在环境空气采样期间，应记录采样_____、_____、采样温度和压力等参数。

6. 短时间采集环境空气中二氧化硫样品时，U 形玻板吸收管内装 10mL 吸收液，以_____ L/min 的流量采样；24h 连续采样时，多孔玻板吸收管内装 50mL 吸收液，以_____ L/min 的流量采样，连续采样 24h。

7. 按特定目的的环境监测指_____、_____、_____。

二、选择题

1. 环境空气质量功能区划中的二类功能区是指（　　）。

A. 自然保护区、风景名胜区

B. 城镇规划中确定的居住区、商业交通居民混合区、文化区、一般工业区和农村地区

C. 特定工业区

D. 一般地区

2. 在环境空气监测点采样口周围（　　）空间，环境空气流动不受任何影响。如果采

样管的一边靠近建筑物，至少在采样口周围要有（　　）弧形范围的自由空间。

    A. 90°，180°　　　　　　B. 180°，90°　　　　　　C. 270°，180°　　　　　　D. 180°，270°

    3. 环境空气中二氧化硫、氮氧化物的日平均浓度要求每日至少有（　　）h 的采样时间。

    A. 10　　　B. 12　　　C. 14　　　D. 16　　　E. 18

    4. 环境空气中颗粒物的日平均浓度要求每日至少有（　　）h 的采样时间。

    A. 8　　　B. 9　　　C. 10　　　D. 11　　　E. 12

    5. 大气采样同心圆应该在主导风向的（　　）多布点。

    A. 下风向　　　　　　B. 上风向　　　　　　C. 任意风向　　　　　　D. 与风向无关

    6. 关于室内空气监测，正确的描述是（　　）。

    A. 采样要求通风良好　　　　　　　　　　B. 特别注意在厕所、卫生间布点

    C. 采样前关闭门窗 12 小时　　　　　　　D. 安装空调的采样时要求关闭空调

    7. 四氯汞钾法测定大气中 SO_2 时，加入 EDTA 和磷酸可以消除或减少（　　）的干扰。

    A. 某些重金属　　　B. Na^+　　　C. Ca^{2+}　　　D. NO_x

    8. 盐酸萘乙二胺分光光度法测定 NO_x 和甲醛吸收-副玫瑰苯胺分光光度法测定 SO_2 选择的测定波长分别为（　　）。

    A. 370nm 和 420nm　　　　　　　　　　B. 540nm 和 577nm

    C. 545nm 和 560nm　　　　　　　　　　D. 520nm 和 545nm

    9. 大气采样口的高度一般高于地面（　　），此高度是人的呼吸带。

    A. 1.4m　　　B. 1.6m　　　C. 1.2m　　　D. 1.5m

    10. 溶液吸收法主要用来采集气态和（　　）样品。

    A. PM_{10}　　　B. TSP　　　C. 颗粒物　　　D. 蒸气态、气溶胶

项目四
土壤与固体废物监测

 项目引导

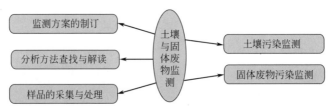

近年来，我国制定并实施了《全国土壤现状调查及污染防治专项实施方案》，这是全国土壤现状调查的一项基础性工作，对资源节约型和环境友好型社会建设具有积极意义，同时也标志着我国土壤监测进入实质性阶段。通过这项工作，可以基本掌握我国土壤环境质量现状及变化趋势，查明重点地区的污染成因，进行重点地区土壤污染风险评价与环境安全性区划，完善国家土壤环境保护法律法规与标准体系，提出土壤污染防治技术政策，进一步完善国家土壤环境监测网络，提升监控能力。这项工作与规划环评相结合，根据不同类型的土壤条件指导不同地区的发展重点和方向；与环境管理相结合，不断加强土壤环境监测管理能力建设和相关科研工作；并以此为契机，为我国环保工作开辟了一个新领域。

某煤矿产生的固体废物（行业中也简称为固废）主要为矿井产生的矸石、燃煤灰渣和生活垃圾。煤矸石的产量为 12000t/a，燃煤灰渣的产量为 39.6t/a，生活垃圾的产量约为 57.09t/a，均堆砌在工业场地外侧缓坡处的矸石场。该矸石场占地面积约 500m²，矸石场上方没有设截洪沟，下方没有设拦渣坝，矸石主要为掘进矸石，自然堆放，不易自燃，但排矸场风蚀扬尘、矸石场粉碎机产生的大量粉尘对大气环境造成了不良影响，矸石的淋溶废水对地表水和地下水也造成了不良影响，同时影响环境美观和卫生。该煤矿决定根据矸石场的污染情况进行改造，如何确定矸石场对环境污染的程度呢？

想一想

1. 怎样开展土壤污染的调查与监测？有什么实际意义？

2. 我国土壤环境质量现状及变化趋势怎么样？

3. 什么是固体废物？校园周围固体废物的主要来源有哪些？这些固体废物是怎样处理的？

4. 什么是危险固体废物？其判别依据主要有哪些？

任务一　阅读监测任务单

任务要求

1. 了解监测任务单要求。

2. 明确项目实施的任务要求。

《土壤环境监测技术规范》（HJ/T 166—2004）主要由布点、样品采集、样品处理、样品测定、环境质量评价、质量保证及附录等部分构成。

《工业固体废物采样制样技术规范》（HJ/T 20—1998）规定了工业固体废物采样制样方案设计、采样技术、制样技术、样品保存和质量控制，适用于工业固体废物的特性鉴别、环境污染监测、综合利用及处置等所需样品的采集和制备。

项目四将结合土壤与固体废物监测的特点，学习监测的方案制订、采样方法、样品制备、监测设备，以达到能熟练、正确地对常见监测指标进行监测分析的目的。

一、土壤与固体废物

土壤是指陆地地表具有肥力并能生长植物的疏松表层。它介于大气圈、岩石圈、水圈和生物圈的界面交接地带，是联系有机界和无机界的中心环节，是结合自然地理环境各组成要素的纽带，是地球表层系统中物质与能量迁移和转化的重要环节。土壤具有其独特的生成和发展规律，具有物理的、化学的、生物的一系列复杂属性和独特的功能。从地球化学的角度来看，土壤是岩石圈表面在次生环境中发生元素迁移和形成次生矿物的近期堆积体；从工程建筑学的角度来看，它是建筑材料和承压基础的物体；从农业和生物学的角度来看，它是地球陆地表面具有一定肥力的能够生长植物的疏松表层，是天然植物和栽培作物的立地条件和生长发育基地，是人类赖以生存的重要自然资源；从环境科学的角度来看，土壤不仅是一种自然资源，还是人类生存环境的重要组成部分，它依据其独特的物质组成、结构和空间位置，在提供肥力的同时，还通过自身所具有的缓冲性、同化和净化功能，在稳定和保护人类生存环境中发挥着极为重要的作用。因而，土壤是环境特有的组成部分，其质量优劣直接影响人类的生产、生活和发展。近年来，人们对化肥、农药、污水（灌溉）等的不合理的施用，以及固体废物的土地处置，使土壤污染加剧，土壤环境质量的下降和土壤生态系统的恶化导致土壤丧失了其作为永续性可再生资源的功能和作用，并直接影响到人类的生存和可持续发展。

固体废物与大气污染、水污染不同，它并不是一种环境介质，而是一种污染物，它本身不会被污染，而是造成其他环境介质和环境要素的污染。在固、液、气三种形态的污染中，固体废物的污染问题较之大气污染、水污染是最后引起人们注意的，也最少得到人们的重视。但固体废物的成分相当复杂，其物理性状也千变万化，是"三废"中最难处置的一种。固体废物，特别是有害固体废物，处理、处置不当，能通过不同途径危害人体健康。固体废物监测能够为合理处理、处置固体废物提供科学的依据。

二、土壤组成及土壤特性

1. 土壤组成

地球表层的岩石经过物理的、化学的和生物的风化作用，逐渐破坏成疏松的、大小不等的矿物颗粒，称为母质。而土壤是在母质、气候、生物、地形、时间等多种成土因素综合作用下演变而成的，它是一个非均质、多相、分散和多孔的系统。土壤的组成很复杂，总体来说是由矿物质、动植物残体腐解产生的有机质、水分和空气等固、液、气三相组成的。在固相物质之间为形状和大小不同的孔隙，孔隙中存在水分和空气。

（1）土壤矿物质　土壤矿物质是岩石经物理风化和化学风化作用形成的，占土壤固相部分总质量的 90% 以上，是土壤的骨骼和植物营养元素的重要供给源，按其成因可分为原生矿物质和次生矿物质两类。

① 原生矿物质　原生矿物质是岩石经过物理风化作用破碎形成的碎屑，其原来的化学组成没有改变。这类矿物质主要有硅酸盐类矿物、氧化物类矿物、硫化物类矿物和磷酸盐类矿物。

② 次生矿物质　次生矿物质是原生矿物质经过化学风化后形成的新矿物，其化学组成和晶体结构均有所改变。这类矿物质包括简单盐类（如碳酸盐、硫酸盐、氯化物等）、三氧化物类和次生铝硅酸盐类。次生铝硅酸盐类是构成土壤黏粒的主要成分，故又称为黏土矿物，如高岭土、蒙脱土和伊利石等；三氧化物类如针铁矿（$Fe_2O_3 \cdot H_2O$）、褐铁矿（$2Fe_2O_3 \cdot 3H_2O$）、三水铝石（$Al_2O_3 \cdot 3H_2O$）等，它们是硅酸盐类矿物彻底风化的产物。

土壤矿物质所含主体元素是氧、硅、铝、铁、钙、钠、钾、镁等，约占 96%，其他元素含量多在 0.1% 以下，甚至低于十亿分之几，属微量、痕量元素。

土壤矿物质颗粒的形状和大小多种多样，其粒径从几微米到几厘米，差别很大。不等粒径矿物质颗粒的成分和物理化学性质都有很大差异，如对污染物吸附、解吸和迁移、转化能力，有效含水量及保水保温能力等。为了研究方便，常按粒径大小将土粒分为若干类，称为粒级，同级土粒的成分和性质基本一致，表 4-1 为我国土粒分级标准。

表 4-1　我国土粒分级标准

颗粒名称		粒径/mm	颗粒名称		粒径/mm
石块		>10	粉粒	粗粉粒	0.01~0.005
石砾	粗砾	10~3		细粉粒	
	细砾	3~1			
砂粒	粗砂粒	1~0.25	黏粒	粗黏粒	0.005~0.001
	细砂粒	0.25~0.5		细黏粒	<0.001

自然界中任何一种土壤，都是由粒径不同的土粒按不同的比例组合而成的，按照土壤中各粒级土粒含量的相对比例或质量分数分类，称为土壤质地分类。表 4-2 列出了国际制土壤质地分类法。

表 4-2　国际制土壤质地分类法

质地分类		各级土粒（质量分数）/%		
类别	质地名称	黏粒（<0.002mm）	粉砂粒（0.002~0.02mm）	砂粒（0.02~2mm）
砂土类	砂土及壤质砂土	0~15	0~15	85~100
壤土类	砂质壤土	0~15	0~15	55~85
	壤土	0~15	30~45	40~55
	粉砂质壤土	0~15	45~100	0~55
黏壤土类	砂质黏壤土	15~25	0~30	55~85
	黏壤土	15~25	20~45	30~55
	粉砂质黏壤土	15~25	45~85	0~40
黏土类	砂质黏土	25~45	0~20	55~75
	壤质黏土	25~45	0~45	10~55
	粉砂质黏土	25~45	45~75	0~30
	黏土	45~65	0~55	0~55
	重黏土	65~100	0~35	0~35

(2) 土壤有机质 土壤有机质是土壤中含碳有机化合物的总称，是由进入土壤的植物、动物、微生物残体及施入土壤的有机肥料经分解转化逐渐形成的，通常可分为非腐殖物质和腐殖物质两类。非腐殖物质包括糖类化合物（如淀粉、纤维素等）、含氮有机化合物及有机磷和有机硫化合物，一般占土壤有机质总量的 10%～15%。腐殖物质是植物残体中稳定性较大的木质素及其类似物在微生物作用下部分被氧化形成的一类特殊的高分子聚合物，具有芳环结构，苯环周围连有多种官能团，如羧基、羟基、甲氧基及氨基等，使之具有表面吸附、离子交换、络合、缓冲、氧化还原作用及生理活性等性能。土壤有机质一般占土壤固相物质总质量的 5%左右，对土壤的物理、化学和生物学性状有较大的影响。

(3) 土壤生物 土壤中生活着微生物（细菌、真菌、放线菌、藻类等）及动物（原生动物、蚯蚓、线虫类等），它们不但是土壤有机质的重要来源，而且对进入土壤的有机污染物的降解及无机污染物（如重金属）的形态转化起着主导作用，是土壤净化功能的主要贡献者。

(4) 土壤溶液 土壤溶液是土壤水分及其所含溶质的总称，存在于土壤孔隙中，它既是植物和土壤生物的营养来源，又是土壤中各种物理、化学反应和微生物作用的介质，是影响土壤性质及污染物迁移、转化的重要因素。土壤溶液中的水来源于大气降水、地表径流和农田灌溉，若地下水位接近地表面，则地下水也是土壤水的来源之一。土壤溶液中的溶质包括可溶无机盐、可溶有机物、无机胶体及可溶性气体等。

(5) 土壤空气 土壤空气存在于未被水分占据的土壤孔隙中，来源于大气、生物化学反应和化学反应产生的气体（如甲烷、硫化氢、氢气、氮氧化物、二氧化碳等）。土壤空气的组成与土壤本身特性有关，也与季节、土壤水分、土壤深度等条件有关，如：在排水良好的土壤中，土壤空气主要来源于大气，其组分与大气基本相同，以氮、氧和二氧化碳为主；而在排水不良的土壤中氧含量下降，二氧化碳含量增加。土壤空气含氧量比大气少，而二氧化碳含量高于大气。

2. 土壤的基本性质

(1) 吸附性 土壤的吸附性能与土壤中存在的胶体物质密切相关。土壤胶体包括无机胶体（如黏土矿物和铁、铝、硅等的水合氧化物）、有机胶体（主要是腐殖质及少量生物活动产生的有机物）、有机-无机复合胶体。土壤胶体具有巨大的比表面积，胶粒表面带有电荷，分散在水中时界面上产生双电层等性能，使其对有机污染物（如有机磷和有机氯农药等）和无机污染物（如 Hg^{2+}、Pb^{2+}、Cu^{2+}、Cd^{2+} 等重金属离子）有极强的吸附能力或离子交换吸附能力。

(2) 酸碱性 土壤的酸碱性是土壤的重要理化性质之一，是土壤在形成过程中受生物、气候、地质、水文等因素综合作用的结果。土壤的酸碱度可以划分为九级：pH<4.5 为极强酸性土，pH 4.5～5.5 为强酸性土，pH 5.5～6.0 为酸性土，pH 6.0～6.5 为弱酸性土，pH 6.5～7.0 为中性土，pH 7.0～7.5 为弱碱性土，pH 7.5～8.5 为碱性土，pH 8.5～9.5 为强碱性土，pH>9.5 为极强碱性土。中国土壤的 pH 值大多在 4.5～8.5，并呈东南酸西北碱的规律。土壤的酸碱性直接或间接地影响着污染物在土壤中的迁移转化。

根据氢离子存在的形式，土壤酸度分为活性酸度和潜性酸度两类。活性酸度又称有效酸度，是指土壤溶液中游离氢离子浓度反映的酸度，通常用 pH 值表示。潜在酸度是指土壤胶体吸附的可交换氢离子和铝离子经离子交换作用后所产生的酸度。如土壤中施入中性钾肥（KCl）后，溶液中的钾离子与土壤胶体上的氢离子和铝离子发生交换反应，产生盐酸和三氯化铝。土壤潜性酸度常用 100g 烘干土中氢离子的物质的量表示。

土壤碱性主要来自土壤中钙、镁、钠、钾的重碳酸盐、碳酸盐及土壤胶体中交换性钠离子的水解作用。

（3）氧化-还原性　土壤中存在着多种氧化性和还原性无机物质及有机物质，使其具有氧化性和还原性。土壤中的游离氧和高价金属离子、硝酸根等是主要的氧化剂，土壤有机质及其在厌氧条件下形成的分解产物和低价金属离子是主要的还原剂。土壤环境的氧化作用或还原作用通过发生氧化反应或还原反应反映出来，故可以用氧化还原电位（E_h）来衡量。因为土壤中氧化态和还原态物质的组成十分复杂，计算 E_h 很困难，所以主要用实测的氧化还原电位衡量。通常当 $E_h > 300mV$ 时，氧化体系起主导作用，土壤处于氧化状态；当 $E_h < 300mV$ 时，还原体系起主导作用，土壤处于还原状态。

3. 土壤背景值

土壤背景值又称土壤本底值，它是指在区域内很少受人类活动影响和不受或未明显受现代工业污染与破坏的情况下，土壤原来固有的化学组成和元素含量水平。但实际上目前已经很难找到不受人类活动和污染影响的土壤，只能去找影响尽可能少的土壤。不同自然条件下发育的不同土类或同一种土类发育于不同的母质母岩区，其土壤环境背景值有明显差异；就是同一地点采集的样品，分析结果也不可能完全相同。因此，土壤环境背景值是统计性的，即按照统计学的要求进行采样设计和样品采集，分析结果经频数分布类型检验，确定其分布类型，以其特征值表达该元素本底值的集中趋势，以一定的置信度表达该元素本底值的范围。可以说，土壤环境背景值实际上是一个相对的概念，是一个范围值，而不是一个确定值。

我国在 1986～1990 年，将"中国土壤环境背景值研究"作为国家重点科技攻关课题，完成了除台湾省以外的 30 个省、市、自治区的 41 个土壤类型，60 多个元素的分析测定，并出版了《中国土壤元素背景值》专著，表 4-3 摘录了该书中表层土壤部分元素的背景值。

表 4-3　中国土壤（A 层[①]）部分元素环境值

元素	算术均值	算术标准值	几何均值	几何标准差	95%置信度范围值	元素	算术均值	算术标准值	几何均值	几何标准差	95%置信度范围值
As	11.2	7.86	9.2	1.91	2.5～33.5	K	1.86	0.463	1.79	1.342	0.94～2.97
Cd	0.097	0.079	0.074	2.118	0.017～0.333	Ag	0.132	0.098	0.105	1.973	0.027～0.09
Co	12.7	6.40	11.2	1.67	4.0～31.2	Be	1.95	0.731	1.82	1.466	0.85～3.91
Cr	61.0	31.07	53.9	1.67	19.3～150.2	Mg	0.78	0.433	0.63	2.080	0.02～1.64
Cu	22.6	11.41	20.0	1.66	7.3～55.1	Ca	1.54	1.633	0.71	4.409	0.01～4.80
F	478	197.7	440	1.50	191～1012	Ba	469	134.7	450	1.30	251～809
Hg	0.065	0.080	0.040	2.602	0.006～0.272	B	47.8	32.55	38.7	1.98	9.9～151.3
Mn	583	362.8	482	1.90	130～1786	Al	6.62	1.626	6.41	1.307	3.37～9.87
Ni	26.9	14.36	23.4	1.74	7.7～71.0	Ge	1.70	0.30	1.70	1.19	1.20～2.40
Pb	26.0	12.37	23.6	1.54	10.0～56.1	Sn	2.60	1.54	2.30	1.7l	0.80～6.70
Se	0.290	0.255	0.215	2.146	0.047～0.993	Sb	1.21	0.676	1.06	1.676	0.38～2.98
V	82.4	32.68	76.4	1.48	34.8～168.2	Bi	0.37	0.211	0.32	1.674	0.12～0.88
Zn	74.2	32.78	67.7	1.54	28.4～161.1	Mo	2.0	2.54	1.20	2.86	0.10～9.60
Li	32.5	15.48	29.1	1.62	11.1～76.4	I	3.76	4.443	2.38	2.485	0.39～14.71
Na	1.02	0.626	0.68	3.186	0.01～2.27	Fe	2.94	0.984	2.73	1.602	1.05～4.84

① A 层指土壤表层或耕层。

三、土壤污染及来源

从环境污染角度看，土壤是藏污纳垢的场所，是各种污染物最终的集结地，世界上 90%的污染物最终滞留在土壤内。土壤中常含有各种生物的残体、排泄物、腐烂物以及来自大气、水及固体废弃物中的各种污染物，农药、肥料残留物等。土壤污染是指生物性污染物或有毒有害化学性污染物进入土壤中，引起土壤正常结构、组成和功能发生变化，超过了土壤对污染物的净化能力，直接或间接引起不良后果。

1. 土壤污染源

土壤依靠自身的功能、组分和特性，对介入的外界物质有很大的缓冲能力和自身更新作用。土壤有极大的比表面积，其颗粒物层对污染物有过滤、吸附作用；土壤空气中的氧可作氧化剂；土壤中的水分可作溶剂；特别是土壤微生物有强大的生物降解能力，能将污染物降解产物纳入天然循环轨道。但必须指出的是，土壤的自净能力是有限的，当外来污染物超过土壤自净能力，影响土壤的正常功能或用途，甚至引起生态变异或生态平衡的破坏时，就会造成土壤污染。土壤污染最明显的标志是农产品产量和质量的下降，即土壤的生产能力降低。土壤污染源同水、大气等污染源一样，可分为自然污染源和人为污染源两大类。

（1）自然污染源　在某些自然矿床中，元素和化合物富集中心的周围往往形成自然扩散晕，使附近土壤中某些元素的含量超出一般土壤含量造成地区性土壤污染；某些气象因素造成的土壤淹没、冲刷流失、风蚀，地震造成的"冒沙""冒黑水"，火山爆发的岩浆和降落的火山灰等，都可不同程度地污染土壤。这类污染源是由一些自然现象引起的，因此称为自然污染源。

（2）人为污染源　科学技术的发展，人类消费水平的提高，人类活动能力的日益加大，造成了大气和水的污染，而这些污染最终必然归结为土壤污染，加之人类活动直接造成的土壤污染，这些污染均是由于人类活动而产生的，因此统称为人为污染源。人为污染源污染土壤的途径是很多的，归结起来，有下列几种：

① 土壤历来就作为城市垃圾、工业废渣、污泥、尾矿等固体废弃物的处理排放场所，被当成人类天然的大"垃圾箱"用。这些固体废弃物中的有害物质经雨水浸泡后进入土壤，这是造成土壤污染的主要原因。

② 由于历年来施肥、施农药等增产措施，污染物随之进入土壤中，并在土壤中逐渐积蓄，这是造成土壤污染的重要途径之一，尤其是难降解的人工合成有机农药和人畜粪便中的病原微生物及寄生虫卵造成的土壤污染更为严重。目前我国不同程度遭受农药污染的土壤面积已达到 1000 万公顷（1 公顷＝10000m² ）。

③ 长期使用不符合灌溉标准的水、生活污水、工业废水等灌溉农田，以及雨水将废渣中的污染物淋洗流入农田，一些有害元素会在土壤和作物中积累，这是造成土壤污染的重要途径。到 21 世纪初，全国利用废水灌溉的面积已占全国总灌溉面积的 7.3%，比 20 世纪 80 年代增加了 1.6 倍。

④ 大气污染物的"干降"或"湿降"进入土壤，也是造成土壤污染的一个不可轻视的途径，如"酸雨"的危害。1999 年，全国近 400 万公顷的耕地遭受不同程度的污染，仅淮河流域因农田污染累计损失就超过 1.7 亿元。

⑤ 大型水利工程、截流改道和破坏植被也可造成土壤污染。如沙漠化、盐渍化等的出现有时就同河流改道有直接的关系。

2. 土壤中的主要污染物

土壤污染物质大致可分为无机污染物和有机污染物两大类。表 4-4 列举了土壤中的主要污染物质及其来源。

土壤污染物的性质与其存在的价态、形态、浓度、化学性质及环境条件等密切相关。

污染物在土壤环境中的存在形态可以通过各种化学作用不断发生变化，如溶解、沉淀、水解、络合与螯合、氧化、还原、化学分解、光化学分解和生物化学分解等。污染物的存在形态不同，生物对它的吸收作用也不同，如水稻易于吸收金属汞、甲基汞，而不吸收硫化汞。

污染物的存在价态不同，其毒性也往往不同，如六价铬的毒性大于三价铬，铜的络离子的毒性小于铜离子，且络合物越稳定，其毒性越小。

表 4-4　土壤中的主要污染物质

污染物种类			主要来源
无机污染物	重金属	汞（Hg）	氯碱工业、含汞农药、汞化物生产、仪器仪表工业
		镉（Cd）	冶炼、电镀、染料等工业、肥料杂质
		铜（Cu）	冶炼、铜制品生产、含铜农药
		锌（Zn）	冶炼、镀锌、人造纤维、纺织工业、含锌农药、磷肥
		铬（Cr）	冶炼、电镀、制革、印染等工业
		铅（Pb）	颜料、冶炼等工业、农药、汽车排气
		镍（Ni）	冶炼、电镀、炼油、染料等工业
	非金属	砷（As）	硫酸、化肥、农药、医药、玻璃等工业
		硒（Se）	电子、电器、油漆、墨水等工业
	放射性元素	铯（^{137}Cs）	原子能、核工业、同位素生产、核爆炸
		锶（^{90}Sr）	原子能、核工业、同位素生产、核爆炸
	其他	氟（F）	冶炼、磷酸和磷肥、氟硅酸钠等工业
		酸、碱、盐	化工、机械、电镀、酸雨、造纸、纤维等工业
有机污染物	有机农药		农药的生产和使用
	酚类有机物		炼焦、炼油、石油化工、化肥、农药等工业
	氰化物		电镀、冶金、印染等工业
	石油		油田、炼油、输油管道漏油
	3,4-苯并芘		炼焦、炼油等工业
	有机洗涤剂		机械工业、城市污水
	一般有机物		城市污水、食品、屠宰工业
	有害微生物		城市污水、医院污水、厩肥

在一个特定的环境中，污染物的存在形态取决于环境的地球化学条件，如环境的酸碱条件、氧化-还原条件，环境中胶体的种类和数量，环境中有机质的数量和性质等。

研究表明，地球表面上每一特定区域都有它特有的地球化学性质，所以在土壤环境污染研究中，不但要研究污染物的总量，还必须研究污染物的形态和价态，以便于更好地阐明污染物在环境中的迁移转化规律。这方面的研究也有助于评价土壤环境质量，预测其变化的趋势；有助于了解自然界对污染物的自然净化能力；有助于制定土壤环境标准和制定改造已被污染的环境的措施。

四、土壤污染的特点和类型

由于"三废"物质、化学物质、农药、微生物等进入土壤并不断积累，土壤的组成、结构、功能发生改变，从而影响植物的正常生长和发育，以致在植物体内积累，使农产品的产量与质量下降，最终影响人体健康。土壤污染与水和大气污染相比有以下特点和类型。

1. 土壤污染的特点

（1）土壤污染比较隐蔽　水和大气的污染比较直观，有时通过人的感觉器官就能发现。土壤的污染往往是通过农作物如粮食、蔬菜、水果，以及家畜、家禽等食物污染，再通过人食用后身体的健康状况来反映。从开始污染到导致后果，有一段很长的间接、逐步积累的隐蔽过程。如日本的"镉米"事件，当查明原因时，造成事件的那个矿已经开采完了。

（2）土壤被污染和破坏以后很难恢复　土壤的污染和净化过程需要相当长的时间，而且重金属的污染是不可逆的过程，土壤一旦被污染很难恢复，有时只能被迫改变用途或放弃。因此对土壤的保护，要有长远观点，当今人们要利用它，将来人们还要利用它，尽管污染物含量很小，但要考虑它的长期积累后果。

（3）污染后果严重　严重的污染通过食物链危害动物和人体，甚至使人畜失去赖以生存的基础。

（4）土壤污染的判定比较复杂　到目前为止，国内外尚未定出类似于水和大气的判定标准。土壤中污染物质的含量与农作物生长发育之间的因果关系十分复杂，有时污染物质的含量超过土壤背景值很高，但并未影响植物的正常生长；有时植物生长已受影响，但植物内未见污染物的积累。

因其特点，目前我国土壤污染监测还存在污染物特性针对性不强、调查农产品样品数量偏少且受时间限制、现行标准体系尚不完善，特别是有机污染物没有参照标准等问题。

2. 土壤污染的发生类型

（1）水型污染　污染源是受污染的地面水体（工业废水和城市污水）。被污染水体所含的污染物十分复杂，必须追溯调查水体污染源。污染物质大多以废水灌溉的形式从地面进入土壤，一般集中于土壤表层。但随着废水灌溉时间的延长，某些污染物质可能由土体的上部向下部扩散和迁移，以至到达地下水。这是土壤污染的最重要发生类型。它的特点是沿河流或干渠呈树枝状或片状分布。

（2）气型污染　土壤污染物质来自被污染的大气。其特点是以大气污染源为中心呈椭圆状或条状分布，长轴沿主风向伸长。其污染面积和扩散距离取决于污染物质的性质、排放量及形式。如西欧和中欧工业区采用高烟囱排放，二氧化碳等酸性物质可扩散到北欧斯堪的纳维亚半岛，使该地区土壤酸化。除酸性物质外，大气污染物主要为重金属放射性元素等。大气污染土壤的污染物质主要集中于土壤表层（0～5cm）。

（3）农业型污染　污染物质主要来自城市垃圾、厩肥、污泥、化肥、农药等。污染物的种类和污染的轻重与土壤的作用方式和耕作制度有关，主要污染物为农药和重金属，污染物质主要集中于表层耕作层（0～20cm），它的分布比较广泛。

（4）生物型污染　废水灌溉，尤其是城市污水（在城市污水中，尤其是医院污水）灌溉，施用垃圾和厩肥，会使土壤受生物污染，成为某些病菌的发源地。

（5）固体废物污染　土壤表面堆放或处理固体废弃物和废渣，通过大气扩散或降雨淋滤，会使周围地区的土壤受到污染。

3. 土壤污染对环境的危害

（1）土壤污染会引起土壤酸碱度的变化　如果长期给土壤施用酸性肥料（如 NH_4NO_3），会引起土壤酸化。施用碱性肥料（如 K_2CO_3、氨水）及粉尘（水泥）长期散落在土壤中，又可引起土壤的碱化，如陕西某县某菜田的辣椒一向是出口产品，质量一直受到国外的称赞，但在菜田附近建了水泥厂后，土壤的土质发生了改变，辣椒的质量不断下降，最后国外不再订货。最近几年世界各地不断出现酸雨，尤其是北欧造成土壤酸化的现象比较普遍和严重，以至影响农作物的生长发育，最后导致减产。

（2）土壤中的有害物质直接影响植物的生长　土壤中如有较浓的砷残留物存在，会阻止树木生长，使树木提早落叶，果实萎缩、减产。土壤中如有过量的铜和锌，能严重地抑制植物的生长和发育。实践证明，土壤用含镉废水灌溉，对小麦和大豆的生长及产量均有影响，随着施镉量的增加，植物体内镉含量也增加，从而使产量降低。当使用 2.5mg/L 镉溶液灌溉时，大豆除生长缓慢外，还表现出病状（中毒症状），使靠近主茎的叶脉变为微红棕色；如果镉浓度再加大，叶脉的棕色进一步扩大到整片叶子；剧烈中毒时大豆的叶绿素也会遭到破坏。目前全国农产品有毒有害物质残留问题日趋严重，已成为制约农村经济发展的重要因素。

（3）土壤污染危害人体健康　土壤污染物被植物吸收后，通过食物链危害人体健康。如日本的"骨痛病事件"就是镉污染土壤，并通过水稻，引起的镉中毒事件。总之，某些污染物，特别是重金属污染物进入土壤后，能被土壤吸收积累，然后又被植物吸收积累，当人畜食用这些植物或种子、果实时便会引起慢性或急性中毒，从而影响健康。

五、土壤监测项目与频次确定

土壤监测项目分常规项目、特定项目和选测项目，监测频次与其相对应。

常规项目原则上为《土壤环境质量　农用地土壤污染风险管控标准（试行）》（GB 15618—2018）中所要求控制的污染物。

特定项目为《土壤环境质量　农用地土壤污染风险管控标准（试行）》（GB 15618—2018）中未要求控制的污染物，但根据当地环境污染状况，确认在土壤中积累较多、对环境危害较大、影响范围广、毒性较强的污染物，或者污染事故对土壤环境造成严重不良影响的物质，具体项目由各地自行确定。

选测项目一般包括新纳入的在土壤中积累较少的污染物、由于环境污染导致土壤性状发生改变的土壤性状指标以及生态环境指标等，由各地自行选择测定。

土壤监测项目与监测频次见表4-5。常规项目可按当地实际适当降低监测频次，但不可低于5年一次，选测项目可按当地实际适当提高监测频次。

表 4-5　土壤监测项目与监测频次

项目类别		监测项目	监测频次
常规项目	基本项目	pH、阳离子交换量	每3年一次，农田在夏收或秋收后采样
	重点项目	镉、铬、汞、砷、铅、铜、锌、镍、六六六、滴滴涕	
特定项目（污染事故）		特征项目	及时采样，根据污染物变化趋势决定监测频次
选测项目	影响产量项目	含盐量、硼、氟、氮、磷、钾等	每3年监测一次，农田在夏收或秋收后采样
	污水灌溉项目	氰化物、六价铬、挥发酚、烷基汞、苯并[a]芘、有机质、硫化物、石油类等	
	POPs与高毒类农药	苯、挥发性卤代烃、有机磷农药、PCB、PAH等	
	其他项目	结合态铝（酸雨区）、硒、钒、氧化稀土总量、钼、铁、锰、镁、钙、钠、铝、硅、放射性比活度等	

💡 **想一想**

1. 结合自己所学知识，想想固体废物的定义和分类是什么？
2. 土壤常规监测项目有哪些？其国标分析方法有哪些？
3. 土壤污染主要类型有哪些？
4. 固体废物监测指标有哪些？其国标分析方法有哪些？
5. 土壤与固体废物监测样品采集与制备有何特殊要求？
6. 土壤与固体废物监测有哪些相关技术规范？

任务二　绘制土壤与固体废物监测采样点位布设图

💡 **任务要求**

1. 了解土壤监测点位的设置方法。

2. 了解固体废物监测采样点位的布设方法。

3. 能正确设置采样点。

一、土壤监测点位布设

土壤是由固、液、气三相组成的，其主体是固体。污染物进入土壤后，流动、迁移、混合都比较困难，所以样品往往具有不均匀性。一般认为土壤监测中布点采样误差对结果的影响往往大于分析测定误差。因此，土壤监测点位布设和优化的目的在于选择具有代表性的监测点位，以客观真实地反映土壤的化学组分、土壤污染物在空间与时间上的分布特征与变化规律，以最少的测点取得最有代表性的监测信息。

土壤样监测点位的布设，依其监测目的而定。主要分为背景监测、污染监测和常规监测。其过程首先要做调查，包括对监测区域的自然条件（包括母质、地形、植被、水文、气象等）、农业生产情况（包括土地利用、作物及耕作情况）、土地性状（包括土壤类型、层次特征）及污染状况的调查。在调查研究的基础上根据需要和可能来优化布设监测点位，其各程序如下。

1. 明确土壤监测目的

土壤环境监测主要有以下几种。

① 土壤本底与背景值监测　首先要摸清研究区域内土壤的类型及分布状况。土壤监测点位应包括主要类型的土壤，同一类型的土壤应有 3～5 个重复监测采样点，特殊情况下要求有更多的监测点位，以便检验本底值或背景值的可靠性。

② 土壤污染状况监测　在土壤监测布点时，除了调查监测区土壤的自然条件、土壤性状、农业生产情况外，应重点调查土壤污染的历史与现状，要详细调查污染源、污染途径、污染方式、污染范围及污染程度等。在调查的基础上，根据监测目的确定监测范围及测点，并选择一定面积的土壤作为对照区，在对照区内布设一定数量的对照测点。

③ 土壤常规监测和环境质量评价监测　不同的监测目的有不同的要求。

2. 资料收集与现场调查

收集监测区自然环境、经济社会状况及土壤资料，是做好土壤监测的基础性工作。具体工作包括：

① 收集监测区域的交通图、土壤图、地质图、大比例尺地形图等资料，供制作采样工作图和标注采样点位用。

② 收集监测区域土类、成土母质等土壤信息资料。

③ 收集工程建设或生产过程对土壤造成影响的环境研究资料。

④ 收集造成土壤污染事故的主要污染物的毒性、稳定性以及如何消除等资料。

⑤ 收集土壤历史资料和相应的法律（法规）。

⑥ 收集监测区域工农业生产及排污、污灌、化肥农药施用情况资料。

⑦ 收集监测区域气候资料（温度、降水量和蒸发量）、水文资料。

⑧ 收集监测区域遥感与土壤利用及其演变过程方面的资料等。

在资料收集的基础上，进行现场踏勘，将调查得到的信息进行整理和利用，丰富采样工作图的内容。

3. 确定监测区、监测单位和监测点

（1）监测区域　是指每次监测所包括的宏观范围，或者指监测的总体范围。根据监测目的不同，其宏观范围可大可小，可以从区域的各环境单元中选择若干有代表性的单元作为监测区域。

（2）监测单位　是指在确定的监测区域内确定的实际监测采样的面积，每个监测区域可

选择若干块监测采样面积，每块监测采样面积称一个监测单位或采样单位。

（3）监测点位　也称采样点位，是指采集土壤监测样品的具体地点，采样点位应设置在监测单位内。每一个监测单位内的布点方法、布点原则、监测采样点数量，应根据监测目的、土壤状况、污染情况等决定。每个监测采样点实际上是监测单位内的某一点。监测单位应代表监测区域内某整块土壤的状态，而监测采样点则应对监测单位内的土壤具有良好的代表性和均衡性。由于土壤本身在空间分布上具有不均匀性，因此在确定具体监测采样点位以前，要选择确定有代表性的监测单位，再在监测单位内选择确定适当的监测采样点位，才能取得均匀混合的样品和有代表性的监测数据。

（4）监测单元　土壤环境监测单元按土壤主要接纳污染物的途径可划分为：

① 大气污染型土壤监测单元；

② 灌溉水污染型土壤监测单元；

③ 固体废物堆污染型土壤监测单元；

④ 农用固体废物污染型土壤监测单元；

⑤ 农用化学物质污染型土壤监测单元；

⑥ 综合污染型土壤监测单元（污染物主要来自上述两种以上途径）。

动画扫一扫

M4-1
土壤监测布点方法

监测单元划分要参考土壤类型、农作物种类、耕作制度、商品生产基地、保护区类型、行政区划等要素的差异，同一单元的差别应尽可能地缩小。

4. 点位布设方法

（1）土壤背景值的布点方法　一般采用网格布点法（比例分配法或最优分割法）、环境单元法和无污染对照法等方法。先进行监测单位的布设和优化，再在监测单位内采用对角线布点法、梅花形布点法、棋盘式布点法和蛇曲形布点法等进行具体监测点位的布设（图 4-1）。

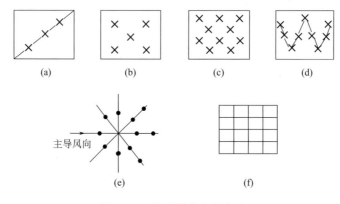

图 4-1　土壤采样点布设方法

① 对角线法　适用于污水灌溉或受污染的水灌溉的田块采样，其方法是由田块进水口向对角线引一斜线，将此对角线三等分，以每等分的中央点作为采样点。每一田块虽只有三个点，但应根据监测目的、田块面积的大小和地形等条件做适当变动，如图 4-1（a）所示。

② 梅花形法　适用于面积较小，地势平坦，土壤较均匀的田块，一般采样点在 5～10个，如图 4-1（b）所示。

③ 棋盘式法　适用于中等面积，地势平坦，地形完整，但土壤较不均匀的田块，一般采样点在 10 个以上。这种方法也适用于固体废物污染的土壤，因固体废物分布不均匀，采样点酌情增减，如图 4-1（c）所示。

④ 蛇曲形法　适用于面积较大，地势不太平坦，土壤不够均匀，采样点较多的田块。当土壤中某些有害物质含量达到一定数量时，对作物生长产生影响，在采样前，要全面观察田间作物生长发育情况，按其形态特征，结合土壤、灌溉、施肥、施用农药等情况划分不同类型的地段，分别布点进行样品采集，最后予以混合作为一个样品进行测定，如图 4-1(d) 所示。

⑤ 放射状布点法　该方法适用于大气污染型土壤。以大气污染源为中心，向周围画射线，在射线上布设采样点。在主导风向的下风向适当增加布点之间的距离和布点数量，如图 4-1(e) 所示。

⑥ 网格布点法　适用于地形平缓的地块。将地块划分成若干均匀网状方格，采样布点设在两条直线的交点处或方格的中心，如图 4-1(f) 所示。农业污染型土壤、土壤背景值调查常用这种方法。

(2) 土壤环境监测点位的布设　土壤污染监测布点方法和原则与土壤背景值监测布点不同。背景值监测布点主要考虑土壤的类型、特征和地形地貌等，而污染监测布点却主要考虑土壤污染状况、污染方式、污染范围及污染源的类型等。

气型污染主要是点状污染源、高架点源和面源；水型污染主要是灌溉流线型污染源，因此土壤监测采样点主要布设在流经路线上，即灌田进水口、田中间、出水口等处；固体废弃物污染一般属于固定性点状污染源；农药和化肥污染一般属于分散型面状污染源。充分掌握土壤污染源类型对于监测点位的布设至关重要，它直接决定着监测单位的确定和监测采样点的布设。

① 点状污染源土壤监测点位的布设　点状污染源一般可分为一般点源和高架点源。如果是单个高架点源对土壤的污染，监测点位的布设应根据气象条件、地形、生产规模、污染物排放量、排放高度等情况，以污染源为中心，按不同距离画同心圆布设监测点位。以同心圆圆心为起点，向 16 个方位或下风向 4 个方位画放射线，同心圆周与方位射线的交点则为具体的监测点位。

距圆心最近的同心圆、距圆心最远的同心圆和其他同心圆的半径大小取决于高架点源污染的落地浓度。污染物的落地浓度与距污染源的距离有关。高架点源的污染物要经过一段距离才能落地，所以在点源附近的浓度反而低，以烟波落地点浓度最高，以后则越远越低。因此画同心圆时要给予充分考虑。按大气污染物扩散模式计算不同距离污染物的落地浓度。根据计算结果决定各个同心圆的半径，最小同心圆的半径和最大同心圆的半径应该是污染物落地浓度略高于大气本底浓度的地方。在最大落地浓度附近应多画几个同心圆，而且圆与圆的距离要近一些。

② 面状污染源土壤监测点位的布设　在面源污染的区域内，应等面积布设土壤监测点位，即在每一相等的土地面积上均匀布设 1 个或几个监测点位。如果监测区域土地面积较小，并需进行详细调查，则应在每 2.5～25hm² 设置一个监测点；如面积较大，可按每 1000～2000hm² 设置一个监测点；如能明显区别出污染程度，则可分为轻、中、重、严重等四个污染等级，划成几个区段，每个区段都设置土壤监测点位。

③ 流线型污染源土壤监测点位的布设　若调查污水灌溉对土壤的污染，则应在灌溉区域内，根据水流的径路，分别在主灌区和支灌区附近布设监测点位，或者在灌渠的近端与远端布设监测点位。如果灌溉水田、稻田的水流径路比较规范，则应在进水口、水流中段和出水口分别设置监测点位。

④ 农药、化肥污染土壤监测点位的布设　农药、化肥对土壤的污染通常是广泛的和相对均匀的。因此，在监测区域内可采用网络法进行监测点位的布设。

⑤ 土壤污染对照监测点位的布设　进行土壤污染监测一定要设置对照区或对照点，对

照点应设置在土壤类型、成田土质、土壤理化特征、农业开发利用情况等因素与污染区土壤完全相同或基本相似的地区，对照点应远离污染源，并在污染源的上风向或河流的上游。

二、固体废物采样点布设

① 对于堆存、运输中的固态工业固体废物和大池（坑、塘）中的液体工业固体废物，可按对角线形、梅花形、棋盘形等确定采样点（采样位置），如图4-2所示。

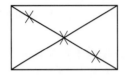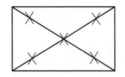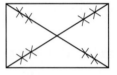

图4-2 车厢中（大池）的采样布点示意图

② 对于粉末状、小颗粒的工业固体废物，可在垂直方向一定深度的部位确定采样点（采样位置）。

动画扫一扫

M4-2
废渣堆采样

③ 对于容器内的工业固体废物，可按上部（表面下相当于总体积的1/6深处）、中部（表面下相当于总体积的1/2深处）、下部（表面下相当于总体积的5/6深处）确定采样点（采样位置）。

④ 废渣堆法：在废渣堆两侧距堆底0.5m处画第一条横线，然后每隔0.5m画一条横线，再每隔2m画一条横线的垂线，其交点作为采样点。按份样数来确定采样点数，在每点上从0.5~1.0m深处各随机采样一份，如图4-3所示。

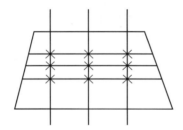

图4-3 废渣堆采样布点法

⑤ 也可以根据采样方式（简单随机采样、分层采样、系统采样、两段采样等）确定采样点（采样位置）。具体知识大家可以在 HJ/T 20—1998 中查阅。

想一想

1. 什么是多点采集，混合总样？
2. 土壤样品采样量怎么确定？

任务三 确定采样方法，准备采样仪器

任务要求

1. 了解土壤和固体废物样品的采样方法。
2. 认识土壤和固体废物样品的采样仪器。
3. 能正确采集土壤和固体废物样品。

一、基本术语

（1）多点采集，混合总样　土壤样品及固废样品都具有不均匀性和复杂性，一般认为采样误差对结果的影响往往大于分析测定误差。要获得代表性样品，土壤采集管理不可忽视。

为了保证样品的代表性，降低监测费用，往往采集多个样品混合成为总样。

（2）批　进行特性鉴别、环境污染监测、综合利用及处置的一定质量的工业固体废物。

（3）批量　构成一批工业固体废物的质量（一批废物有多少质量？总量越多采样份数就越多才有代表性）。

（4）份样　用采样器一次操作从一批的一个点或一个部位按规定质量所采取的工业固体废物。

（5）份样量　构成一个份样的工业固体废物的质量（每份样品到底采多少为宜）。

（6）份样数　从一批中所采取的份样个数（这批废物中，确定采多少份样品）。

（7）小样　由一批中的两个或两个以上的份样或逐个经过粉碎和缩分后组成的样品。

（8）大样　由一批的全部份样或全部小样或将其逐个进行粉碎和缩分后组成的样品及处置分析的样品。

（9）试样　按规定的制样方法从每个份样、小样或大样制备的供特性鉴别、环境污染监测、综合利用及处置分析的样品。

批量大小与最少份样数要求见表 4-6；最大粒度与份样量或采样铲容量见表 4-7；土壤（固体废物）样品采样流程见图 4-4。

表 4-6　批量大小与最少份样数

批量大小 （液体为 m³，固体为 t）	<5	5～50	50～100	100～500	500～1000	1000～5000	>5000
最少份样个数	5	10	15	20	25	30	35

表 4-7　最大粒度与份样量或采样铲容量（特指以 mL 计的采样量）

最大粒度/mm	>150	100～150	50～100	40～50	20～40	10～20	<10
最小份样质量/kg	30	15	5	3	2	1	0.5
采样铲容量/mL		16000	7000	1700	800	300	125

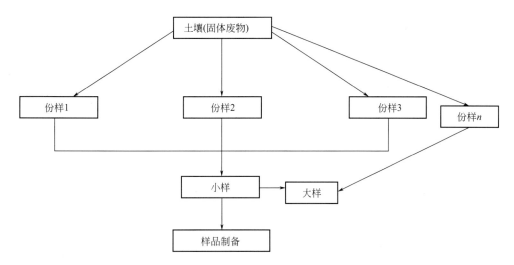

图 4-4　土壤（固体废物）采样示意图

动画扫一扫

M4-3
四分法缩分样品

二、土壤采样量

由于测定所需的土样是多点混合而成的，取样量往往较大，而实际供分析的土样不需太多，一般只需1～2kg。因此对所得混合样可反复按四分法弃取，最后留下所需的土量，装入塑料袋或布袋内，贴上标签备用（见表4-8）。

注意：表中若有不会填写的部分，请研读标准文件《土壤监测技术规范》即可。

表 4-8　土壤采样现场记录表

采样地点			东经			北纬	
样品编号				采样日期			
样品类别				采样人员			
采样层次				采样深度			
样品描述	土壤颜色			植物根系			
	土壤质地			沙砾含量			
	土壤湿度			其他异物			
采样点示意图				自下而上植被描述			

注：土壤颜色可采用双名法，主色在后，副色在前，如黄棕、灰棕。深浅可以描述为浅棕、暗灰等。

三、土壤采样工具

常用的采样工具有三种类型：采样筒、管形土钻和普通土钻。

（1）采样筒　采样筒适合于表层土样的采集。采样筒为长10cm、直径8cm的金属或塑料采样器。

（2）管形土钻　管形土钻取土速度快，又少混杂，故特别适用于大面积多点混合样品的采取，但它不太适用于砂性土壤或干硬的黏性土壤。

（3）普通土钻　此种土钻使用方便，但它一般只适用于湿润的土壤，不适用于很干的土壤，也不适用于砂土。用普通土钻采取的土样，分析结果往往比用其他工具采取的土样的分析结果要低，特别是有机质、有效养分等的分析结果较为明显。这是因为用普通土钻取样，容易损失一部分表层土样，表层土往往较干，容易掉落，而有效养分和有机质的含量较高。

不同取土工具带来的差异，主要是由于上下土体不一致造成的，这也说明采样时应注意采土深度，上下土体保持一致。

动画扫一扫

M4-4
土壤剖面分层采样

四、土壤采样方法

（1）采样筒取样　将采样筒直接压入土层内，然后用铲子将其铲出，清除采样筒口多余的土壤，采样筒内的土壤即为所取样品。

（2）土钻取样　土钻取样是用土钻钻至所需深度后，将其提出，用挖土勺挖出土样。

（3）挖坑取样　挖坑取样适用于采集分层的土样。先用铁铲挖一截面1.5m×1m、深1.0m的坑，平整一面坑壁，并用干净的取样小刀或小铲刮去坑壁表面1～5cm的土，然后在所需层次内采样0.5～1kg，装入容器内。

（4）土壤采样注意事项

① 采样点不能设在田边、沟边、路边或肥堆边；

② 将现场采样点的具体情况，如土壤剖面形态特征等做详细记录；

③ 现场填写两张标签（见表 4-9），写上地点、土壤深度、日期、采样人姓名等，一张放入样品袋内，一张扎在样品口袋上，并于采样结束时在现场逐项逐个检查。

表 4-9　土壤采样标签

土壤样品标签
样品标号　　　　　业务代号
样品名称
土壤类型
监测项目
采样地点
采样深度
采样人
采样时间

动画扫一扫

M4-5
运输车固体废物采样

五、固体废物采样

常用采样工具有尖头钢锨、钢尖镐（腰斧）、采样铲、具盖采样桶或内衬塑料的采样袋。将采样记录填入表 4-10。

表 4-10　固废采样记录表

样品登记号		样品名称	
采样地点		采样数量	
采样时间		废物所属单位名称	
采样现场简述			
废物产生过程简述			
样品可能含有的主要有害成分			
样品保存方式及注意事项			
样品采集人及接受人			
备注			
负责人签字			

💡 **想一想**

1. 土壤与固废的主体有什么性质？

2. 土壤与固废样品制备与水样、气体样品等有什么区别？

任务四　采样制样

🔦 **任务要求**

1. 了解土壤样品的制备与保存方法。

2. 了解固体废物样品的制备与保存方法。

3. 能正确制备样品并保存。

动画扫一扫

M4-6
土壤样品的制备与保存

一、土壤样品制备

从野外采集回来的样品，除需要测定土壤样品中的游离挥发酚、铵态氮、硝态氮、低价铁、挥发性有机物等不稳定项目时，应在采样现场采集新鲜土样并对采样瓶进行严格的密封外，多数项目的测定都必须对土壤样品进行风干，并研磨过筛（如图 4-5 所示）。

1. 样品风干

（1）风干的原因

① 由于土壤的含水量不稳定，如不风干，则样品监测数据不稳定，样品之间缺少可比性。

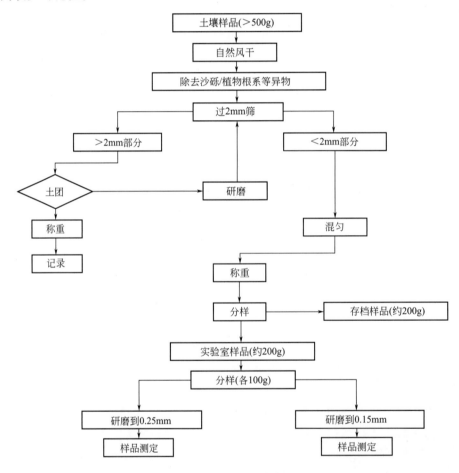

图 4-5　土壤常规监测制样过程

② 由于新鲜样品含水量大、颗粒大，故称样时的误差较大，为减少称量误差，样品必须风干。

③ 由于含水量高，微生物活跃，样品易发生霉变。

（2）风干的方法　土壤样品一般采取自然阴干的方法。将采集回来的样品全部倒在塑料薄膜或瓷盘内，放在通风阴凉处，让水分挥发，趁半干状态把泥土压碎，除去植物根、茎、叶、石块等杂物，铺成薄层，在室温下经常翻动，充分风干。应注意的是，样品在风干过程中，应防止阳光直射和尘埃落入，并防止酸、碱等气体的污染。

2. 样品的研磨与过筛

风干后的土样用有机玻璃棒或木棒碾碎后，过 2mm 尼龙筛去除 2mm 以上的砂砾和植物残体。按规定通过 2mm 孔径的土壤用作物理分析，通过 1mm 或 0.5mm 孔径的土壤用作化学分析。若砂砾含量较多，应计算它占整个土壤的百分数。将上述风干的细土反复按四分法弃取，最后留下足够分析用的数量（重金属测定可留 100g）。用四分法弃取的样品，另装瓶备用（四分法缩分具体操作如下：将样品在清洁、平整、不吸水的板面上堆成圆锥形，每铲物料自圆锥顶端落下，均匀地沿锥尖散落，不可使圆锥中心错位。反复转堆，至少三周，使其充分混合。然后将圆锥顶端轻轻压平，摊开物料后，用十字板自上压下，分成四等份，取两个对角的等份，重复操作数次，直至分析所需的试样量为止）。留下的样品，再进一步用有机玻璃棒或玛瑙研钵予以磨细，全部过 100 目尼龙筛。过筛后的样品，充分摇匀，装瓶备分析用。在制备样品时，必须注意样品不要被所分析的化合物或元素污染。另外，研磨过细会破坏土壤矿物的结晶，使 pH 值等测定结果增大，这一点应当注意。

筛网规格有两种表达方法：一种是以筛网孔径尺寸表示，如孔径为 2mm、1mm 的筛网；另一种是以每英寸（1 英寸＝0.0254m）长度上的孔数来表示，如每英寸长度上有 80 个孔即称为 80 目，100 目的筛网则说明在每英寸长度上有 100 个孔。

二、土样保存

与水质监测不同，土壤样品因为是以固态为主，理化性质稳定性更好，可以保存一定时间。制备好的土样按名称、编号和粒径分类保存。对新鲜样品的保存应按以下要求处理：易分解或易挥发等不稳定组分的样品要采取低温保存的运输方法，并尽快送到实验室分析测试。测试项目需要新鲜样品的土样，采集后用可密封的聚乙烯或玻璃容器在 4℃ 以下避光保存，样品要充满容器。避免用含有待测组分或对测试有干扰的材料制成的容器盛装保存样品，测定有机污染物用的土壤样品要选用玻璃容器保存。具体保存条件见表 4-11。预留样品在样品库造册保存。分析取用后的剩余样品，待测定全部完成数据报出后，也移交样品库保存。分析取用后的剩余样品一般保留半年，预留样品一般保留 2 年。特殊、珍稀、仲裁、有争议样品一般要永久保存。要保持样品库干燥、通风、无阳光直射、无污染；要定期清理样品，防止霉变、鼠害及标签脱落。样品入库、领用和清理均需记录。

表 4-11　新鲜样品的保存条件和时间

测试项目	容器材质	温度/℃	可保存时间/d	备注
金属（汞和六价铬除外）	聚乙烯、玻璃	<4	180	
汞	玻璃	<4	28	
砷	聚乙烯、玻璃	<4	180	
六价铬	聚乙烯、玻璃	<4	1	
氰化物	聚乙烯、玻璃	<4	2	
挥发性有机物	玻璃（棕色）	<4	7	采样瓶装满装实并密封
半挥发性有机物	玻璃（棕色）	<4	10	采样瓶装满装实并密封
难挥发性有机物	玻璃（棕色）	<4	14	

三、固体废物样品的制备

1. 制样要求

① 在制样全过程中，应防止样品产生任何化学变化和污染。若制样过程可能对样品的

动画扫一扫

M4-7
固体废物样品的制备

性质产生显著影响，则应尽量保持原来状态。

②湿样品应在室温下自然干燥，使其达到适于破碎、筛分、缩分的程度。

③制备的样品应过筛（筛孔直径为5mm），装瓶备用。

2. 制样工具

制样工具包括粉碎机（破碎机）、药碾、钢锤、标准套筛、十字分样板、机械缩分器。

3. 制样程序

（1）粉碎　用机械或人工方法把全部样品逐级破碎，通过5mm筛孔。粉碎过程中，不可随意丢弃难以破碎的粗粒。

（2）缩分　与土壤四分法相同，只不过要考虑留样的量不一样。

💡 想一想

1. 样品预处理的目的是什么？
2. 常见的样品预处理的方法有哪些？

任务五　样品预处理

💡 任务要求

1. 了解土壤和固体废物样品的预处理方法。
2. 能根据样品特征选择合适的样品预处理方法。
3. 能进行样品预处理。

土壤中污染物种类繁多，污染组分含量低，并且处于固体状态，不同污染物在不同土壤中的样品预处理方法及测定方法各异。同时要根据不同的监测要求和监测目的，选定样品预处理方法。在测定之前，往往需要处理成液体状态或将欲测组分转变为满足测定方法要求的形态、浓度，以及消除共存组分干扰。土壤样品的预处理方法主要有分解法和提取法，前者用于元素的测定，后者用于有机污染物和不稳定组分的测定。

固体废物样品的组成也是相当复杂的，其存在形态往往不符合分析测定的要求，所以在分析测定之前需要将固体废物样品转化成溶液来进行测定，这一过程称为样品预处理。预处理目的是使被测组分满足测定方法要求的形态、浓度和消除共存组分的干扰。根据分析项目的不同，测定固体废物中的有机物通常直接用有机溶剂萃取、索氏提取、超声提取、微波提取等方法；测定无机物需将固体废物样品进行溶解，有酸溶法和碱熔法。

一、土壤样品分解方法

动画扫一扫

M4-8
土壤样品预处理

土壤样品分解方法有酸分解法、碱熔分解法、高压密闭分解法、微波炉加热分解法等。分解的作用是破坏土壤的矿物晶格和有机质，使待测元素进入试样溶液中。

1. 酸分解法

酸分解法也称消解法，是测定土壤中重金属常选用的方法。分解土壤样品常用的混合酸消解体系有：盐酸-硝酸-氢氟酸-高氯酸、硝酸-氢氟酸-高氯酸、硝酸-硫酸-高氯酸、硝酸-硫酸-磷酸等。为了加速土壤中欲测组分的溶解。还可以加入其他氧化剂或还原剂，如高锰酸钾、五氧化二钒、亚硝酸钠等。

用盐酸-硝酸-氢氟酸-高氯酸分解土壤样品的操作要点是：准确称取 0.5g（精确到 0.1mg）风干土样于聚四氟乙烯坩埚中，用几滴水润湿后加入 10mL HCl（$\rho=1.19g/mL$），于电热板上低温加热，蒸发至约剩 5mL 时加入 15mL HNO$_3$（$\rho=1.42g/mL$），继续加热蒸至近黏稠状，加入 10mL HF（$\rho=1.15g/mL$）并继续加热，为了达到良好的除硅效果应经常摇动坩埚。最后加入 5mL HClO$_4$（$\rho=1.67g/mL$），并加热至白烟冒尽。对于含有机质较多的土样应在加入 HClO$_4$ 之后加盖消解，土壤分解物应呈白色或淡黄色（含铁较高的土壤），倾斜坩埚时呈不流动的黏稠状。用稀酸溶液冲洗内壁及坩埚盖，温热溶解残渣，冷却后，定容至 100mL 或 50mL，最终体积依待测成分的含量而定。这种消解体系能彻底破坏土壤晶格，但在消解过程中，要控制好温度和时间。如果温度过高，消解试样时间短即将试样蒸干涸，会导致测定结果偏低。

2. 碱熔分解法

碱熔分解法是将土壤样品与碱混合，在高温下熔融使样品分解的方法。所用器皿有铝坩埚、磁坩埚、镍坩埚和铂金坩埚等。常用的熔剂有碳酸钠、氢氧化钠、过氧化钠、偏硼酸锂等。其操作要点是：称取适量土样于坩埚中，加入适量熔剂（用碳酸钠熔融时应先在坩埚底垫上少量碳酸钠或氢氧化钠），充分混匀，移入马弗炉中高温熔融。熔融温度和时间视所用熔剂而定，如用碳酸钠于 900～920℃熔融 0.5h，用过氧化钠于 650～700℃熔融 20～30min 等。熔融好的土样冷却至 60～80℃后，移入烧杯中，于电热板上加水和 1+1 盐酸加热浸提和中和、酸化熔融物，待大量盐类溶解后，滤去不溶物，滤液定容，供分析测定。

碱熔法具有分解样品完全，操作简便、快速，且不产生大量酸蒸气的特点，但由于使用试剂量大，引入了大量可溶性盐，也易引进污染物质。另外，有些重金属如镉、铬等在高温下易挥发损失。

3. 高压密闭分解法

该方法是将用水润湿、加入混合酸并摇匀的土样放入能严密密封的聚四氟乙烯坩埚内，置于耐压的不锈钢套筒中，放在烘箱内加热（一般不超过 180℃）分解的方法，具有用酸量少、易挥发元素损失少、可同时进行批量试样分解等特点。其缺点是：看不到分解反应过程，只能在冷却开封后才能判断试样分解是否完全；分解试样量一般不能超过 1.0g，使测定含量极低的元素时称样量受到限制；分解含有机质较多的土壤时，特别是在使用高氯酸的场合下，有发生爆炸的危险，可先在 80～90℃将有机物充分分解。

4. 微波炉加热分解法

该方法是将土壤样品和混合酸放入聚四氟乙烯容器中，置于微波炉内加热使试样分解的方法。由于微波炉加热不是利用热传导方式使土壤从外部受热分解，而是以土样与酸的混合液作为发热体，从内部加热使土样分解，热量几乎不向外部传导损失，所以热效率非常高，并且利用微波炉能激烈搅拌和充分混匀土样，使其加速分解。

二、土壤样品提取方法

测定土壤中的有机污染物、受热后不稳定的组分，以及进行组分形态分析时，需要采用提取方法。提取溶剂常用有机溶剂、水和酸。

1. 有机污染物的提取

测定土壤中的有机污染物，一般用新鲜土样。称取适量土样放入锥形瓶中，放在振荡器上，用振荡提取法提取。对于农药、苯并[a]芘等含量低的污染物，为了提高提取效率，常用索氏提取器提取。常用的提取剂有环己烷、石油醚、丙酮、二氯甲烷、三氯甲烷等。

2. 无机污染物的提取

土壤中易溶无机物组分及有效态组分，可用酸或水浸取。如用 0.1mol/L 盐酸振荡提取镉、铜、锌，用蒸馏水提取构成 pH 值的组分，用无硼水提取有效态硼等。

土壤样品被分解或提取制备成为样品溶液，往往还存在干扰组分，或达不到分析方法测定要求的浓度，需要进一步净化或浓缩。常用净化方法有色谱法、蒸馏法等，浓缩方法有 K-D 浓缩器法、蒸发法等。土壤样品中的氰化物、硫化物常用蒸馏-碱溶液吸收法分离。

三、固体废物样品的预处理

1. 酸溶解法

酸溶解法又称湿法氧化、湿法消化。测定固体废物中重金属时常选用各种酸及混合酸对固体废物样品进行消化。

消化的作用是：①破坏、除去固体废物中的有机物；②溶解固体物质；③将各种形态的金属变为同一种可测态。为了加速固体废物中被测物质的溶解，除使用混合酸外，还可在酸性溶液中加入其他氧化剂或还原剂。

常用的混合酸消化有以下几种：

（1）王水（盐酸-硝酸）消化　王水是硝酸和盐酸按体积比为 1∶3 的比例混合而成的。可用于消化测定铜、锌、铅等组分的固体废物样品。

（2）硝酸-硫酸消化　由于硝酸氧化能力强、沸点低，硫酸具有氧化性且沸点高，因此，二者混合使用，既可利用硝酸的氧化能力，又可提高消化温度，消化效果较好。常用的硫酸与硝酸的体积比为 2∶5。消化时先将固体废物样品润湿，然后加硝酸于样品中，加热蒸发至较少体积时，再加硫酸加热至冒白烟，使溶液变至无色透明清亮。冷却后用蒸馏水稀释，若有残渣，需进行过滤或加热溶解。必须注意的是，在加热溶解时，开始低温，然后逐渐高温，以免迸溅引起损失。

（3）硝酸-高氯酸消化　硝酸-高氯酸消化适用于含难氧化有机物的样品处理，是破坏有机物的有效方法。在消化过程中，硝酸和高氯酸分别还原为氨氮化合物和氯气（或氯化氢）自样液中逸出。由于高氯酸能与有机物中的羟基氧化，有爆炸危险，操作时，先加硝酸将有机物中的羟基氧化，冷却后在存在一定量硝酸的情况下加高氯酸处理，切忌将高氯酸蒸干，因无水高氯酸会爆炸。样品消化时必须在通风橱内进行，而且应定期清洗通风橱，避免因长期使用高氯酸引起爆炸。

（4）硫酸-磷酸消化　这两种酸的沸点都较高。硫酸具有氧化性，磷酸可与许多金属离子形成络合物，能消除铁等离子的干扰。

2. 碱熔法

碳酸钠碱熔法是固体废物样品预处理的一种经典方法，一般用于固体废物中氟化物的测定。其基本原理是：利用碳酸钠的强碱性将固体废物样品在高温（900℃左右）条件下熔融，最后用稀 HCl 溶解，将待测成分转化为待测液。碱熔法的优点是分解样品比较安全，缺点是：①因添加了大量可溶性的碱熔剂，易引进污染物质；②有些重金属如 Cd、Cr 等在高温熔融时易损失；③在原子吸收和等离子发射光谱仪的喷燃器上，有时会有盐结晶析出并导致火焰的分子吸收，使结果出现偏差。

3. 干灰化法

干灰化法又称燃烧法或高温分解法。根据待测组分的性质选用铂、石英、银、镍或瓷坩埚盛装样品，将其置于高温电炉中加热，控制温度 450～550℃，使其灰化完全，将残渣溶解供分析用。

4. 溶剂提取

分析样品中的有机氧、有机磷农药和其他有机物时，由于这些污染物质的含量多数是微量的，如果要得到正确的分析结果，就必须在两方面采取措施：一方面是尽量使用灵敏度较高的先进仪器及分析方法；另一方面是利用较简单的仪器设备，对分析样品进行浓缩、富集和分离。常用的方法是溶剂提取法，即用溶剂将待测组分从固体废物中提取出来，提取液供分析用。提取方法有下列几种。

（1）振荡提取法　将一定量经制备的固体废物样品置于容器中，加入适当的溶剂，放置在振荡器上振荡一定时间，过滤，用溶剂淋洗样品，或再提取一次，合并提取液。此法用于固体废物样品中酚、油类等的提取。

（2）索式提取法　索式提取器是提取有机物的有效仪器，它主要用于提取固体废物样品中苯并 $[a]$ 芘、有机氯农药、有机磷农药和油类等。将经过制备的固体废物样品放入滤纸筒中或用滤纸包裹，置于回流提取器内。蒸发瓶中盛装适量有机溶剂，仪器组装好后，水浴加热。此时，溶剂蒸发经支管进入冷凝器内，凝结的溶剂滴入回流提取器，对样品进行浸泡提取，当溶剂液面达到虹吸管顶部时，含提取液的溶剂回流入蒸发瓶中，如此重复进行直到提取结束。选取什么样的溶剂，应根据分析对象来定。该法因样品都与纯溶剂接触，所以提取效果好，但较费时。

（3）柱色谱法　一般是当被分析样品的提取液通过装有吸附剂的吸附柱时，相应被分析的组分吸附在固体吸附剂的活性表面上，然后用合适的溶剂淋洗出来，达到浓缩、分离、净化的目的。常用的吸附剂有活性炭、硅胶、硅藻土等。

💡 想一想

1. 土壤污染物主要有哪些？
2. 固体废物污染物主要有哪些？

任务六　分析测试

💡 任务要求

1. 了解土壤监测的主要指标及测定方法。
2. 了解固体废物监测的主要指标及测定方法。
3. 能正确进行土壤及固体废物监测。

一、测试基本参数

1. 测定含水率

无论是土壤还是固废，主要物理状态是固体，但是也存在一定的水分，用含水率（量）来表示。显然含水率（量）是一个条件值，也就是说它往往是一个变化的参数。但是对于土壤或者固废样品的监测指标表征而言，往往是以"mg/kg"为单位或者用"%"表示，显然样品质量是很重要的指标之一。那么，要保证监测数据具有可比性，采用烘干样品为基准为宜。

（1）土壤含水量测定　土壤水分是土壤生物及作物生长必需的物质，不是污染组分，但无论用新鲜土样还是风干土样测定污染组分时，都需要测定土壤含水量，以便计算以烘干土为基准的测定结果。

土壤含水量的测定要点是：对于风干样，用感量 0.001g 的天平称取适量通过 1mm 孔径筛的土样，置于已恒重的铝盒中；对于新鲜土样，用感量 0.01g 的天平称取适量土样，放于已恒重的铝盒中；将称量好的风干土样和新鲜土样放入烘箱内，于 (105±2)℃下烘干 4～5h 至恒重，按以下两式计算水分含量：

$$水分含量(分析基) = \frac{m_1 - m_2}{m_1 - m_0} \times 100\% \tag{4-1}$$

$$水分含量(烘干基) = \frac{m_1 - m_2}{m_2 - m_0} \times 100\% \tag{4-2}$$

式中　m_0——烘至恒重的空铝盒质量，g；

　　　m_1——铝盒及土样烘干前的质量，g；

　　　m_2——铝盒及土样烘至恒重时的质量，g。

（2）固体废物样品水分的测定

① 测定无机物　称取样品 20g 左右于 105℃下干燥，恒重至 ±0.1g，确定水分含量。

② 测定样品中的有机物　样品于 60℃下干燥 24h，确定水分含量。

③ 固体废物测定　结果以干样品计算，当污染物含量小于 0.1% 时以 mg/kg 表示，含量大于 0.1% 时以百分含量表示，并说明其水溶性或总量。

2. 测定 pH 值

（1）仪器　采用 pH 计或酸度计，最小刻度在 0.1pH 单位以下。

（2）方法　用与待测样品 pH 值相近的标准溶液进行 pH 计校准，并加以温度补偿。

① 对含水量高、呈流态状的稀泥或浆状样品，可直接插入电极进行测量；

② 对黏稠状样品应先离心或过滤后，测其滤液 pH 值；

③ 对粉、粒、块状样品，可称取制备好的样品 50g（干基）置于 1L 塑料瓶中，加入新鲜蒸馏水 250mL，使固液比为 1:5，加盖密封后，放在振荡机上［振荡频率为 (120±5) 次/min，振幅为 40mm］于室温下连续振荡 30min，静置 30min 后，测上清液的 pH 值。

每种样品取三个平行样品进行测定，差值不得大于 0.15pH 单位，否则应再取 1～2 个样品重复进行试验，取中位值报告结果。对于高 pH 值（10 以上）或低 pH 值（2 以下）的样品，两次平行样品 pH 值测定结果允许差值不超过 0.2pH 单位。此外，还应说明环境温度、样品来源、粒度级配、试验过程的异常现象、特殊情况下试验条件的改变及原因等。

由于土壤或者固体废物的不均匀性，测定时应将各点分别测定，测定结果以实际测定 pH 值的范围表示，而不是通过计算混合样品的平均值表示。

注意：因为 pH 值是由样品中氢离子与氢氧根离子的含量来确定的，且二者极易发生中和反应，若是采用多点混合的样品进行 pH 值测定，往往会得出不真实的结果。

例如，某一堆固废是由不同性质的废物杂乱堆放的，有的呈现酸性有的呈现碱性。由于固体废物的呆滞性，流动不足，不同废物间会保持相对稳定的 pH 值。尤其是腐蚀性固废指的是当固体废物浸出液的 pH≤2 或 pH≥12.5 时，则有腐蚀性，实际应用中一般使用 pH 值判断腐蚀性。若是操作者在测定 pH 值时人为对样品混合后测定，pH 值将发生明显的变化。比如将 pH≤2 的腐蚀性固废和 pH≥12.5 的腐蚀性固废混合测定，或许二者中和得到 pH 值接近中性，从而导致不正确的结论。

二、监测土壤样品中重金属

1. 样品溶液的制备——参见"任务五　样品预处理"

在分析土壤的组成及受污染的状况时，根据分析项目的不同，首先需将样品进行溶解处理，即将样品配制成溶液，然后才能进行分析测定。

2. 标准溶液制备

制备各种重金属标准溶液推荐使用光谱纯试剂，用于溶解土样的各种酸皆选用高纯或光谱纯级，稀释用水为蒸馏去离子水。使用浓度低于 0.1mg/mL 的标准溶液时，应于临用前配制或稀释。标准溶液在保存期间，若有混浊或沉淀生成时必须重新配制。某些主要元素标准溶液的配制方法见表 4-12。

表 4-12　主要元素标准溶液配制方法

元素	化合物	质量/g	制备方法（1000mg/L）
As	As_2O_3	1.3023	溶于少量 20%氢氧化钠溶液中，加 2mL H_2SO_4，用水定容至 1L
Cd	Cd CdO	1.0000 1.1423	溶于 50mL(1+1)HNO_3 溶液中，用水定容至 1L 同上法
Cr	Cr $K_2Cr_2O_7$	1.0000 2.8290	在温热条件下，溶于 50mL(1+1)HCl 溶液中，冷却，用水定容至 1L 用水溶解，加 20mL HNO_3，用水定容至 1L
Cu	Cu CuO	1.0000 1.2518	在温热条件下，溶于 50mL(1+1)HNO_3 溶液中，冷却，用水定容至 1L 同上法
Pb	Pb $Pb(NO_3)_2$	1.0000 1.5990	溶于 50mL(1+1)HNO_3 溶液中，用水定容至 1L 用水溶解，加 10mL HNO_3，用水定容至 1L
Mn	Mn	1.0000	溶于 50mL(1+1)HNO_3 溶液中，用水定容至 1L
Hg	$HgCl_2$ $Hg(NO_3)_2$	1.3535 1.6631	用 0.05% $K_2Cr_2O_7$-5% HNO_3 固定液溶解，并用该固定液稀释至 1L 同上法
Zn	Zn $Zn(NO_3)_2 \cdot 6H_2O$	1.0000 4.5506	溶于 40mL(1+1)HCl 溶液中，用水定容至 1L 水溶解后，用水定容至 1L

根据我国《土壤环境质量　农用地土壤风险管控标准（试行）》（GB 15618—2018）规定，土壤中重金属污染常规测定的项目有镉、汞、砷、铅、铬、铜、镍、锌八种，其测定方法有原子吸收分光光度法、冷原子吸收法、紫外-可见分光光度法、原子荧光法等。土壤中重金属测定与水及大气中测定时的最大不同点在于样品的预处理。由前所述，土壤样品多采用多元酸消解体系及干灰化法消解的预处理方式，这与土壤介质的复杂性密切相关；测定元素不同，消化用酸的种类也有所不同。现将土壤中部分重金属的消解方法、测定方法、最低检出限等列入表 4-13 中。

表 4-13　土壤中重金属元素的分析方法

序号	项目	测定方法	监测范围/(mg/kg)	所用仪器
1	Cd	土样经盐酸-硝酸-高氯酸消解后 ①萃取-火焰原子吸收法测定 ②石墨炉原子吸收分光光度法测定	≥0.025 ≥0.005	原子吸收分光光度计
2	Hg	土样经硝酸-硫酸-五氧化二钒或硫酸-硝酸-高锰酸钾消解后，冷原子吸收法测定	≥0.004	测汞仪（汞蒸气吸收 253.7nm 的紫外线）
3	Cu	土样经盐酸-硝酸-高氯酸消解后，火焰原子吸收分光光度法测定	≥1.0	可见分光光度计（440nm）
4	Pb	土样经盐酸-硝酸-氢氟酸-高氯酸消解后 ①萃取-火焰原子吸收法测定 ②石墨炉原子吸收分光光度法测定	≥0.4 ≥0.06	可见分光光度计（510nm）
5	Cr	土样经硫酸-硝酸-氢氟酸消解后 ①高锰酸钾氧化，二苯碳酰二肼分光光度法测定 ②加氯化铵溶液，火焰原子吸收分光光度法测定	≥1.0 ≥2.5	可见分光光度计
6	Zn	土样经盐酸-硝酸-高氯酸消解后，火焰原子吸收分光光度法测定	≥0.5	可见分光光度计（528nm）
7	Ni	土样经盐酸-硝酸-高氯酸消解后，火焰原子吸收分光光度法测定	≥2.5	原子吸收分光光度计
8	Mn	土样经盐酸-氢氟酸-高氯酸消解后，原子吸收法测定	≥0.005	原子吸收分光光度计

需要特别注意的事项有如下几个方面:

① 测定 Hg 含量时,应采用低温消解法,即用 HNO_3-$KMnO_4$ 或 HNO_3-H_2SO_4-$KMnO_4$ 消解。

② 多元素全量测定时,针对每种元素的分别消解方式是不可取的,为减少工作量,建议采用混合酸消解体系,如 HNO_3-HF-$HClO_4$ 或 HCl-HNO_3-HF-$HClO_4$ 消解体系。

③ 土壤样品消解时,消解酸的用量要远高于水样的消解,一定要选用优级品的酸,并采用少量多次的用酸原则,也要求进行空白试验。

任务实施

操作 1 土壤中铅、镉的测定(GB 17141—1997)

一、目的要求

1. 了解仪器的工作条件,能配制铅、镉标准溶液;

2. 掌握原子吸收分光光度法的原理和测定方法。

二、方法原理

根据某元素的基态原子对该元素的特征谱线的选择性吸收来进行测定的分析方法,定量依据是朗伯-比尔定律。

动画扫一扫

M4-9
GB 17141—1997

采用盐酸-硝酸-氢氟酸-高氯酸消解的方法,彻底破坏土壤的矿物晶格,使试样中的待测元素全部进入试液。然后,将试液注入石墨炉中。经过预先设定的干燥、灰化、原子化等升温程序使共存基体成分蒸发除去,同时在原子化阶段的高温下,铅、镉化合物离解为基态原子蒸气,并对空心阴极灯发射的特征谱线产生选择性吸收。在选择的最佳测定条件下,通过背景扣除,测定试液中铅、镉的吸光度。方法的检出限(按称取 0.5g 试样消解定容至 50mL 计算)为:铅 0.1mg/kg,镉 0.01mg/kg。

三、仪器与试剂

1. 石墨炉原子吸收分光光度计,铅空心阴极灯,镉空心阴极灯。

2. 分析天平。

3. 电热板。

4. 铅、镉混合标准使用液:铅 $250\mu g/L$,镉 $50\mu g/L$。

5. 盐酸。

6. 硝酸。

7. 高氯酸。

8. 氢氟酸。

9. 磷酸氢二铵:水溶液,质量分数 5%。

四、操作步骤

1. 样品制备

准确称取 0.1~0.3g(精确至 0.0002g)试样于 50mL 聚四氟乙烯坩埚中,用水润湿后加入 5mL 盐酸,于通风橱内的电热板上低温加热,使样品初步分解,当蒸发至 2~3mL 时,取下稍冷,然后加入 5mL 硝酸、4mL 氢氟酸、2mL 高氯酸,加盖后于电热板上中温加热 1h 左右,然后开盖,继续加热除硅,为了达到良好的飞硅效果,应经常摇动坩埚。当加热至冒浓厚高氯酸白烟时,加盖,使黑色有机碳化物充分分解。待坩埚上的黑色有机物消失后,开盖驱赶白烟并蒸至内容物呈黏稠状。视消解情况,可再加入 2mL 硝酸、2mL 氢氟酸、1mL 高氯酸,重复上述消解过程,当白烟再次基本冒尽且内容物呈黏稠状时，取下稍冷，用水冲洗坩埚盖和内壁，并加入 1mL（1＋5）硝酸溶液温热溶解残渣，然后将溶液转移至 25mL 容量瓶中，加入 3mL 磷酸氢二铵溶液，冷却后定容，摇匀备测。

2. 标准曲线的绘制

准确移取铅、镉混合标准溶液 0.00、0.50mL、1.00mL、2.00mL、3.00mL、5.00mL 于 25mL 容量瓶中，加入 3.0mL 磷酸氢二铵溶液，用硝酸溶液（体积分数 0.2%）定容，然后用石墨炉原子吸收分光光度计测定其吸光度。用减去空白的吸光度与相应的元素含量（μg/L）分别绘制铅、镉的标准曲线。

3. 样品测定

将试液在与校准曲线相同的条件下，测定吸光度。按原子吸收分光光度法用标准曲线法测定试液的吸光度，求出土样中铅、镉的含量。用去离子水代替试样，采用和样品操作相同的步骤和试剂，制备全程序空白溶液，并在与样品相同的条件下测定吸光度。每批样品至少制备 2 个以上的空白溶液。

4. 结果计算

土壤样品中铅、镉的含量 w（mg/kg）按下式计算：

$$w=\frac{cV}{m(1-f)}$$

式中　c——试液的吸光度减去空白试验的吸光度，然后在校准曲线上查得的铅、镉的含量，μg/L；

　　　V——试液定容的体积，mL；

　　　m——称取试样的质量，g；

　　　f——试样中水分的含量。

5. 土样水分含量的测定

称取通过 100 目筛的风干土样 5～10g（准确至 0.01g），置于铝盒或称量瓶中，在 105℃烘箱中烘 4～5h，烘干至恒重。土壤水分含量 f 按下式计算：

$$f=\frac{w_1-w_2}{w_1}\times 100\%$$

式中　f——试样中水分的含量；

　　　w_1——烘干前土样质量，g；

　　　w_2——烘干后土样质量，g。

五、数据记录与处理

1. 标准曲线绘制

管号	0	1	2	3	4	5	6
铅/μg							
A_1							
镉/μg							
A_2							

2. 样品测定

（1）水分含量测定

编号	1	2
烘干前土样质量 w_1/g		
烘干后土样质量 w_2/g		
水分含量/%		

（2）铅、镉含量测定

编号	1	2
定容体积/mL		
铅测定吸光度		
铅含量/(μg/L)		
铅含量 w/(mg/kg)		
铅含量的平均值/(mg/kg)		
相对平均偏差/%		
镉测定吸光度		
镉含量/(μg/L)		
镉含量 w/(mg/kg)		
镉含量的平均值/(mg/kg)		
相对平均偏差/%		

三、监测土壤样品中有机磷农药（GB/T 14552—2003）

1. 方法原理

首先对样品采用柱提取操作，再用石油醚-乙腈溶剂净化，最后用火焰光度检测器气相色谱测定样品中的有机磷，如乐果、马拉硫磷、乙基对硫磷等。

标准扫一扫

M4-10
GB/T 14552—2003

2. 测定

称取一定质量的样品于 200mL 烧杯中，加入 40～50g 无水硫酸钠，玻璃棒搅拌至样品干而疏松，将样品转移至底部填有少量脱脂棉和 5g 无水硫酸钠并盛有 50mL 二氯甲烷的提取柱中，用玻璃棒将样品轻轻压紧，尽量排出气泡，样品上部盖以 1cm 厚的无水硫酸钠。浸泡 1h 后缓慢旋开柱下端的活塞，使洗提速度 3～5mL/min，当二氯甲烷液面与上部无水硫酸钠层接近时，再加二氯甲烷洗提，直到二氯甲烷洗提液总量 400mL 为止，收集全部洗提液于 500mL 磨口平底烧瓶中，置于 55℃恒温水浴上用全玻璃蒸馏装置浓缩至 2～5mL，加入 1mL 甲苯，继续蒸发除去残留二氯甲烷。

用滴管将浓缩液自烧瓶内转入 50mL 具塞纳氏比色管，再以 5mL 乙腈饱和的石油醚和 5mL 石油醚饱和的乙腈多次洗涤烧瓶，洗涤液转入比色管中，将比色管内溶液旋转充分混合 1～2min，静置分层，用 5mL 滴管将乙腈层吸移至具塞的 15mL 刻度离心管中，再以 5mL 石油醚饱和的乙腈按同样操作提取石油醚层一次。合并两次提取液，于 60～65℃水浴上浓缩至 5mL，供气相色谱分析用。

3. 结果计算

$$有机磷含量(\mu g/g) = \frac{N_{标}\,V_{标}\,h_{样}\,V}{h_{标}\,V_{样}\,W} \tag{4-3}$$

式中　$N_{标}$——标准溶液浓度，$\mu g/mL$；

$\quad\quad V_{标}$——标准溶液色谱进样体积，μL；

$\quad\quad h_{样}$——试样萃取液峰高，mm；

$\quad\quad V$——萃取液浓缩后体积，mL；

$\quad\quad h_{标}$——标准溶液峰高，mm；

$V_{样}$——试样萃取液色谱进样体积，μL；

W——样品质量，g。

4. 注意事项

分析有机磷时，需在色谱柱老化后先注入高浓度的标液，除去载体表面活性作用点，才能正常出峰。标准曲线会随试验条件有所变化，因此每次测定样品时应同时测标准曲线。

任务实施

操作 2　土壤中农药残留量的测定

一、目的要求

1. 了解从土样中提取有机农药的方法；

2. 掌握气相色谱法的定性、定量方法；

3. 初步了解气相色谱仪的结构及操作技术。

二、方法原理

索氏提取器利用溶剂回流及虹吸原理，使固体物质连续不断地被纯溶剂萃取，既节约溶剂萃取效率又高。萃取前先将固体物质研碎，以增加固液接触的面积。然后将固体物质放在滤纸套内，置于提取器中，提取器的下端与盛有溶剂的圆底烧瓶相连接，上面接回流冷凝管。加热圆底烧瓶，使溶剂沸腾，蒸气通过提取器的支管上升，被冷凝后滴入提取器中，溶剂和固体接触进行萃取，当溶剂液面超过虹吸管的最高处时，含有萃取物的溶剂虹吸回烧瓶，因而萃取出一部分物质，如此重复，使固体物质不断为纯的溶剂所萃取，将萃取出的物质富集在烧瓶中。对于萃取液，通常不能直接进行 GC 分离分析，还需要采用一系列的分离、净化或浓缩等前处理步骤，以消除样品基体对测定的干扰，同时保护仪器。用标准化合物的保留时间定性，外标法定量。

三、仪器与试剂

1. GC-14B 气相色谱仪；

2. 水分快速测定仪；

3. 250mL 索氏提取器；

4. 微量注射器；

5. 正己烷（HPLC 级）；

6. 色谱硅胶（80～100 目）；

7. 中性氧化铝（100～200 目）；

8. 无水硫酸钠（马弗炉内，450℃灼烧 4h，备用）；

9. 浓硫酸（AR 级）；

10. 甲醇（HPLC 级）；

11. 玻璃棉（马弗炉内，450℃灼烧 4h，备用）；

12. 乙草胺用正己烷配制成 100mg/L 的储备液，并配制成适当浓度的使用标准液。

四、操作步骤

1. 土样的提取

称取经风干过 60 目筛的土壤 20.00g（另取 10.00g 测定水分含量）置于小烧杯中，加 2mL 水、4g 硅藻土，充分混合后，全部移入滤纸筒内，上部盖一滤纸，移入索氏提取器中。加入 80mL（1∶1）正己烷-甲醇混合液浸泡 12h 后，加热回流提取 4h。回流结束后，使索氏提取器上部有积聚的溶剂。待冷却后将提取液移入 500mL 分液漏斗中，用索氏提取器上部溶液分 3 次冲洗提取器烧杯，将洗涤液并入分液漏斗中。向分液漏斗中加入 300mL 2‰硫酸钠水溶液，振摇 2min，静止分层后，弃去下层甲醇水溶液，上层正己烷提取液供纯化用。

2. 样品纯化

在盛有正己烷提取液的分液漏斗中，加入 6mL 浓硫酸，开始轻轻振摇，并不断将分液漏斗中因受热释放的气体放出，然后振摇 1min。静止分层后弃去下部硫酸层。用硫酸纯化数次（视提取液中杂质多少而定，一般 1～3 次），然后加入 100mL 2‰硫酸钠水溶液，振摇洗去正己烷中残存的硫酸。静止分层后，弃去下部水相。上层正己烷提取液通过铺有 1cm 厚的无水硫酸钠层的漏斗（漏斗下部用玻璃棉支撑无水硫酸钠），脱水后的正己烷收集于 50mL 梨形瓶中，无水硫酸钠层用少量正己烷洗涤 2～3 次。洗涤液也收集于上述梨形瓶中。收集的溶液采用高纯氮气浓缩近干，然后定量转移至 2mL 样品瓶中，正己烷定容至 2mL 供色谱测定。

3. 气相色谱测定

色谱柱：HP-5 毛细管柱，长 30cm。柱箱温度：初始温度为 80℃，以 20℃/min 升温至 180℃，再以 10℃/min 升温速率升至 240℃。汽化室温度：250℃。FID 检测器温度：300℃。载气：氮气。进样 1L。首先用微量进样器从进口定量注入乙草胺标准样，各 2 次。记录进样量、保留时间及峰高或面积，计算时用平均值。再用同样的方法对样品进行进样分析，并进行记录。

五、数据记录与处理

待测物峰面积 A			
标样	峰面积 A_s	A_{s1}	
		A_{s2}	
		A_{s3}	
		A_{s4}	
		A_{s5}	
样品	称样量 m/g		
	峰面积 A_x		
	$c_x/(ng/mL)$		
待测物含量计算公式			
土壤中农药含量 $w_x/(ng/g)$			

六、注意事项

1. 进样量要准确，进样动作要迅速，每次进样后，注射器要用正己烷洗净，最好用氮气流冲干净，避免样品互相污染，影响测定结果。

2. 纯化时出现乳化现象可采用过滤、离心或反复滴液的方法解决。

3. 如果土样中待测组分浓度较低，则纯化的正己烷提取液用 K-D 浓缩器浓缩至相应体积。

4. 相应化合物的添加回收率，可用相应浓度的该化合物标样添加到土样中测定。

四、监测固体废物的有害特性

1. 急性毒性

有害废物中往往含有多种有害成分，组分分析难度较大。急性毒性是指一次投给试验动物的毒性物质，半致死量（LD$_{50}$）小于规定值的毒性。急性毒性的初筛试验可以简单地鉴别并表达其综合急性毒性，方法是小白鼠灌胃试验。具体可以查阅有关文献。

2. 易燃性

易燃性是指闪点低于 60℃ 的液态废物和经过摩擦、吸湿等自发的化学变化或在加工制造过程中有着火趋势的非液态废物，由于燃烧剧烈而持续，以致有对人体和环境造成危害的特性。

鉴别易燃性即测定闪点，闪点较低的液态废物和燃烧剧烈而持续的非液态废物，由于摩擦、吸湿等自发的化学变化会发热、着火，或可能由于它的燃烧引起对人体或环境的危害。具体方法查阅闪点测定有关标准方法。

3. 腐蚀性

腐蚀性指通过接触能损伤生物细胞组织或腐蚀物体而引起危害。其测定方法一种是测定pH 值，另一种是测在 55.7℃ 以下对钢制品的腐蚀深度。当固体废物浸出液的 pH≤2 或pH≥12.5 时，则有腐蚀性；当在 55.7℃ 以下对钢制品的腐蚀深度大于 0.64cm/a 时，则有腐蚀性。实际应用中一般使用 pH 值判断腐蚀性。

4. 反应性

反应性是指固体废物在通常情况下不稳定，极易发生剧烈的化学反应，或与水反应猛烈，或形成可爆炸性的混合物，或产生有毒气体的特性。测定方法包括撞击感度测定、摩擦感度测定、差热分析测定、爆炸点测定、火焰感度测定、温升试验和释放有毒有害气体试验等，具体测定可查阅相关标准。

5. 浸出毒性试验

浸出毒性是指固体废物按规定浸出方法的浸出液中，有害物质的浓度超过规定值，从而会对环境造成污染的特性。浸出试验采用规定方法浸出固体废物的水溶液，然后对浸出液进行分析。鉴别固体废物浸出毒性的浸出方法有水平振荡法和翻转法。

（1）水平振荡法　该法是取干基试样 100g，置于 2L 的具塞广口聚乙烯瓶中，加入 1L去离子水后，将瓶子垂直固定在水平往复式振荡器上，调节振荡频率为（110±10）次/min，振幅 40mm，在室温下振荡 8h，静置 16h 后取下。经 0.45μm 滤膜过滤得到浸出液，测定污染物浓度。

（2）翻转法　该法是取干基试样 70g，置于 1L 具塞广口聚乙烯瓶中，加入 700mL 去离子水后，将瓶子固定在翻转式搅拌机上，调节转速为（30±2）r/min，在室温下翻转搅拌18h，静置 30min 后取下，经 0.45μm 滤膜过滤得到浸出液，测定污染物浓度。

浸出液按各分析项目要求进行保护，于合适条件下储存备用。我国规定的分析项目主要有汞、镉、砷、铅、铜、锌、镍、锑、铍、氟化物、氰化物、硝基苯类化合物。并按表 4-13 进行分析测定，每种样品做两个平行浸出试验。每瓶浸出液对欲测项目平行测定两次，取算术平均值报告结果。试验报告应将被测样品的名称、来源、采集时间、粒度级配情况，试验过程的异常情况，浸出液的 pH 值、颜色、乳化和相分层情况说明清楚。对于含水污泥样品，其滤液也必须同时加以分析并报告结果。如测定有机物成分宜用硬质玻璃容器。

任务实施

操作 3　固体废物渗漏模拟试验

一、目的要求

1. 了解固体废物渗漏原理；

2. 能操作渗漏模拟试验装置。

二、方法原理

在玻璃管内填装经 0.5mm 孔径筛的固体废物，以一定的流速滴加雨水或蒸馏水，以测定渗漏水中有害物质的流出时间和浓度的变化规律，推断固体废物在堆放时的渗漏情况和危害程度。

三、操作步骤

按图 4-6 装配好渗漏模拟试验装置。把通过 0.5mm 孔径筛的固体废物试样装入玻璃柱内，试样高约 20cm。试剂瓶中装入雨水或蒸馏水，以 4.5mL/min 的流速通过玻璃柱下端的玻璃棉流入锥形瓶内，待滤液收集至 400mL 时，关闭活塞，摇匀滤液，取适量滤液按水中重金属的分析方法，测定重金属离子的浓度。同时按表 4-14 方法测定固体废物中重金属的含量。

表 4-14　浸出毒性各指标测定方法

序号	项目	方法	来源
1	有机汞	气相色谱法	GB/T 14204
2	汞及其化合物(以总汞计)	冷原子吸收分光光度法	GB/T 15555.1
3	铅(以总铅计)	原子吸收分光光度法	HJ 786—2016
4	镉(以总镉计)	原子吸收分光光度法	HJ 786—2016
5	总铬	(1)二苯碳酰二肼分光光度法 (2)火焰原子吸收分光光度法 (3)硫酸亚铁铵滴定法	GB/T 15555.5 HJ 749—2015 GB/T 15555.8
6	六价铬	(1)二苯碳酰二肼分光光度法 (2)硫酸亚铁铵滴定法	GB/T 15555.4 GB/T 15555.7
7	铜及其化合物(以总铜计)	原子吸收分光光度法	HJ 751—2015
8	锌及其化合物(以总锌计)	原子吸收分光光度法	HJ 751—2015
9	铍及其化合物(以总铍计)	铍试剂Ⅱ光度法	
10	钡及其化合物(以总钡计)	电位滴定法	GB/T 14671
11	镍及其化合物(以总镍计)	(1)直接吸入火焰原子吸收法 (2)丁二酮肟分光光度法	GB/T 15555.9 GB/T 15555.10
12	砷及其化合物(以总砷计)	二乙基二硫代氨基酸甲酸银分光光度法	GB/T 15555.3
13	无机氟化物(不包括氟化钙)	离子选择性电极法	GB/T 15555.11
14	氰化物(以 CN⁻ 计)	容量法和分光光度法	HJ 484—2009

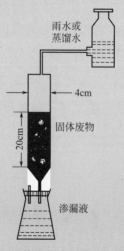

图 4-6　固体废物渗漏模拟试验装置

任务七　综合评价

土壤与固体废物监测综合评价参照相关标准进行评价，得出结论。

附件 1：土壤环境质量　农用地土壤污染风险管控标准（试行）（GB 15618—2018）

附件 2：固体废物鉴别　通则（GB 34330—2017）

附件 3：固废浸出毒性浸出方法　水平振荡法（HJ 557—2009）

标准扫一扫

M4-11
GB 15618—2018

标准扫一扫

M4-12
GB 34330—2017

标准扫一扫

M4-13
HJ 557—2009

知识拓展

　　土壤修复是指利用物理、化学和生物的方法转移、吸收、降解和转化土壤中的污染物，使其浓度降低到可接受水平，或将有毒有害的污染物转化为无害的物质。从根本上说，污染土壤修复的技术原理可概括为：①改变污染物在土壤中的存在形态或同土壤的结合方式，降低其在环境中的可迁移性与生物可利用性；②降低土壤中有害物质的浓度。美国在 20 世纪 90 年代用于污染土壤修复方面的投资有近 1000 亿美元。污染土壤修复的理论与技术已成为整个环境科学与技术研究的前沿。土壤修复的过程相当漫长，当前解决土壤污染问题，需要有不同学科的科学家如土壤学、农学、生态学、生物地球化学、海洋科学以及涉及农业、林业、渔业等相关的生产单位和政府决策者的共同努力。

　　我国土壤污染已对土地资源可持续利用与农产品生态安全构成威胁。全国受有机污染物污染的农田已达 3600 万公顷，污染物类型包括石油类、多环芳烃、农药、有机氯等；因油田开采造成的严重石油污染土地面积达 1 万公顷，石油炼化业也使大面积土地受到污染；在沈抚石油污水灌区，表层和底层土壤多环芳烃含量均超过 600mg/kg，造成农作物和地下水的严重污染。全国受重金属污染土地达 2000 万公顷，其中严重污染土地超过 70 万公顷，13 万公顷土地因镉含量超标而被迫弃耕。正因为如此，中国的污染土壤修复研究，正经历着由实验室研究向实用阶段的过渡，即将进入一个快速、全面的治理时期。

项目小结

　　1. 土壤是指陆地地表具有肥力并能生长植物的疏松表层。土壤具有其独特的生成和发展规律，具有物理的、化学的、生物的一系列复杂属性和独特的功能。固体废物的成分相当复杂，其物理性状也千变万化，是"三废"中最难处置的一种。固体废物，特别是有害固体废物，处理、处置不当，能通过不同途径危害人体健康。固体废物监测能够为合理处理、处置固体废物提供科学的依据。

　　2. 土壤是由矿物质、动植物残体腐解产生的有机质、水分和空气等固、液、气三相组成的。土壤具有吸附性、酸碱性、氧化还原性。土壤污染源可分为自然污染源和人为污染源两大类。土壤污染物质大致可分为无机污染物和有机污染物两大类。

3. 土壤样监测点位的布设，依其监测目的而定。主要分为背景监测、污染监测和常规监测。一般采用网格布点法（比例分配法或最优分割法）、环境单元法和无污染对照法等方法。先进行监测单位的布设和优化，再在监测单位内采用对角线布点法、梅花形布点法、棋盘式布点法和蛇曲形布点法等进行具体监测点位的布设。

4. 于堆存、运输中的固态工业固体废物和大池（坑、塘）中的液体工业固体废物，可按对角线形、梅花形、棋盘形等确定采样点。

5. 土壤采样工具有三种类型：采样筒、管形土钻和普通土钻。固体废物常用采样工具有尖头钢锹、钢尖镐（腰斧）、采样铲、具盖采样桶或内衬塑料的采样袋。

6. 从野外采集回来的样品，除需要测定土壤样品中的游离挥发酚、铵态氮、硝态氮、低价铁、挥发性有机物等不稳定项目时，应在采样现场采集新鲜土样并对采样瓶进行严格的密封外，多数项目的测定都必须对土壤样品进行风干，并研磨过筛。

7. 土壤样品的预处理方法主要有分解法和提取法。测定固体废物中的有机物通常直接用有机溶剂萃取、索氏提取、超声提取、微波提取等方法。测定无机物需将固体废物样品进行溶解，有酸溶法和碱熔法。

8. 土壤和固体废物的基本测试参数包括含水率和 pH 值，土壤样品主要测定重金属和农药残留，固体废物主要进行有害特性监测。

练一练测一测

一、简答题

1. 土壤样品采集采样点布设有哪四种方法？

2. 土壤样品常用的预处理方法有哪些？破坏有机物的方法有哪两种？

二、填空题

1. 土壤采样点可采_____或_____。

2. 一般监测采集表层土采样深度为_____、剖面深度为_____。

3. 土壤样品预处理时，过筛用尼龙筛规格为_____目。

4. 固体废物按化学性质可分为_____和_____。按危害状况可分为_____和_____。

5. 制样工具包括_____、_____、_____、_____、_____、_____。

三、选择题

1. 采样区差异越小，样品的代表性（   ）。

A. 不一定　　　　　　B. 越好　　　　　　　C. 无所谓　　　　　　D. 越差

2. 区域环境背景土壤采样，一般监测采集（   ）样品。

A. 底层土　　　　　　B. 视情况　　　　　　C. 心土　　　　　　　D. 表层土

3. 固体废物加入定量水后浸出液的 pH 值，具有腐蚀性废物的 pH 值是（   ）。

A. 3　　　　　　　　　B. 7　　　　　　　　　C. 10　　　　　　　　D. 13

4. 下列金属及其化合物，在固体废物监测中优先考虑的重金属及其化合物是（   ）。

A. 铜　　　　　　　　B. 铅　　　　　　　　C. 锌　　　　　　　　D. 铁

5. 固体废物样品的水分测定，对于有机物样品于（   ）℃下干燥，恒重后测定水分含量。

A. 30　　　　　　　　B. 40　　　　　　　　C. 50　　　　　　　　D. 60

项目五
噪声监测

 项目引导

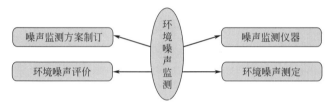

随着工业和交通运输的迅速发展，环境噪声已经成为现代城市的又一大公害，而且是城市居民每天都能感受到的公害。据统计，由噪声污染引起的抱怨、控告及社会纠纷也远较其他污染公害要多。因此，噪声污染监测已经成为城市环境监测的一项重要内容。据统计，在影响城市环境的各种噪声来源中，工业噪声占 8%～10%，建筑施工噪声占 5%，交通噪声占 30%，社会噪声占 47%。社会噪声影响面最广，是干扰生活环境的主要噪声污染源。

 想一想

1. 什么是噪声？噪声污染源有哪些？污染特点是什么？
2. 你所在校园环境的噪声污染源有哪些？

任务一　阅读项目任务单

任务要求

1. 认识噪声及其分类。
2. 了解噪声污染的特点。

本项目监测任务指标如表 5-1 所示，根据小组兴趣选择其一进行监测即可。

表 5-1　噪声监测指标任务列表

序号	监测单位(点位)	监测性质			监测要求	
		委托	监督	信访	复核	常规
1	车间厂界噪声					

续表

序号	监测单位（点位）	监测性质			监测要求	
		委托	监督	信访	复核	常规
2	社会生活噪声					
3	校园噪声敏感物监测					
4	各类城市功能区噪声监测					
5	城市区域声环境质量监测					
6	城市道路交通噪声监测					
任务下达人				任务下达日期		
任务承办人				工作开展日期		
情况说明						

一、噪声及其分类

1. 噪声的定义

噪声是一种主观评价标准，即一切影响他人的声音均为噪声，无论是音乐还是机械声等。

从环境保护的角度看，凡是影响人们正常学习、工作和休息的声音，凡是人们在某些场合"不需要的声音"，都统称为噪声。如机器的轰鸣声，各种交通工具的马达声、鸣笛声，人的嘈杂声及各种突发的声响等，均称为噪声。

从物理角度看，噪声是发声体做无规则振动时发出的声音。

2. 噪声的分类

根据噪声污染的来源，可以将噪声分为四大类：交通噪声、工业噪声、建筑施工噪声及社会生活噪声。

（1）交通噪声　主要指的是机动车辆、飞机、火车和轮船等交通工具在运行时发出的噪声。这些噪声的噪声源是流动的，干扰范围大。

（2）工业噪声　主要指工业生产劳动中产生的噪声，主要来自机器和高速运转的设备。

（3）建筑施工噪声　主要指建筑施工现场产生的噪声。在施工中要大量使用各种动力机械，要进行挖掘、打洞、搅拌，要频繁地运输材料和构件，从而产生大量噪声。

（4）社会生活噪声　主要指人们在商业交易、体育比赛、游行集会、娱乐场所等各种社会活动中产生的喧闹声，以及收录机、电视机、洗衣机等各种家电的嘈杂声，这类噪声一般在80dB以下。如洗衣机、缝纫机噪声为50～80dB，电风扇的噪声为30～65dB，空调机、电视机为70dB。

二、噪声污染的特点

《中华人民共和国环境噪声污染防治法》第二条第二款定义为"环境噪声污染，是指所产生的环境噪声超过国家规定的环境噪声排放标准，并干扰他人正常生活、工作和学习的现象。"噪声污染不同于水体污染、大气污染及土壤污染，它具有以下特点。

1. 噪声污染是感觉公害

对噪声的判断与个人所处的环境和主观愿望有关。例如：优美的音乐对于正乐于欣赏音乐的人来说，是愉快的享受；但对于正在学习思考或睡眠休息的人来说，却会成为噪声。因此，噪声评价要结合受害人的生理及心理因素，噪声标准也要依据不同的时间、地点和人的行为状态等分别确定。

2. 噪声污染是局部的和多发性的

噪声污染源发出的噪声向四周辐射时，会随距离的增加而迅速衰减、消失，不论多强的噪声都只能波及局部范围，而不像大气污染和水污染那样可能大范围地扩展。此外，由噪声定义可知，噪声污染源很普遍，分布极广，因而噪声污染的发生是十分频繁的。

3. 噪声污染是暂时性污染

噪声污染不是由别的物质给的，而是由空气中的物理变化所引起。因此，在声音过去之后，没有残余物质留下，噪声污染在环境中不持久、不积累，换言之，噪声污染一面产生，一面消失，不会像别的污染物那样在环境中积累起来对环境形成持久的危害。

💡 想一想

1. 噪声有哪些物理参数？
2. 如何评价噪声？
3. 怎样开展噪声监测方案的制订？

任务二　解读监测指标，制订工作计划

💡 任务要求

1. 认识噪声相关术语和物理量。
2. 了解噪声评价指标。

一、有关术语

1. 工业企业厂界环境噪声

指在工业生产活动中使用固定设备等产生的、在厂界处进行测量和控制的干扰周围生活环境的声音。

2. 厂界

由法律文书（如土地使用证、房产证、租赁合同等）中确定的业主拥有使用权（或所有权）的场所或建筑物边界。各种产生噪声的固定设备的厂界为其实际占地的边界。

3. 社会生活噪声

指营业性文化娱乐场所和商业经营活动中使用的设备、设施产生的噪声。

4. 噪声敏感建筑物

指医院、学校、机关、科研单位、住宅等需要保持安静的建筑物。

5. 昼间、夜间

根据《中华人民共和国环境噪声污染防治法》，"昼间"是指 6：00 至 22：00 之间的时段，"夜间"是指 22:00 至次日 6:00 之间的时段。

6. 频发噪声

指频繁发生、发生的时间和间隔有一定规律、单次持续时间较短、强度较高的噪声，如排气噪声、货物装卸噪声等。

7. 偶发噪声

指偶然发生、发生的时间和间隔无规律、单次持续时间较短、强度较高的噪声。如短促鸣笛声、工程爆破噪声等。

8. 背景噪声

背景噪声就是对环境有影响的噪声设备不发声时的噪声，其测试数据就是背景噪声值。

一般指被测量噪声源以外的声源发出的环境噪声的总和。在实际监测中需要扣除背景噪声。

9. 城市（区域）声环境质量监测

城市声环境质量常规监测也称例行监测，指为掌握城市声环境质量状况，环境监测部门所开展的城市区域声环境质量监测、城市道路交通噪声监测和城市各类功能区声环境质量监测（分别简称为区域监测、道路交通监测和功能区监测）。

10. 城市道路交通噪声监测

（1）城市道路　指在城市范围内具有一定技术条件和设施的道路，分为城市快速路、主干路和次干路。

（2）道路交通动力噪声　车辆动力噪声主要指动力系统辐射噪声。发动机系统是主要噪声源，包括进气噪声、排气噪声、冷却风扇噪声、燃烧噪声及传动机械噪声等；动力噪声的强度主要取决于发动机的转速，与车速有直接关系，噪声强度随车速增大而增强。此外，车辆爬坡时，随着路面纵坡加大噪声也增大。

（3）轮胎噪声　轮胎噪声是指轮胎与路面的接触噪声，又称轮胎-路面噪声。它由轮胎直接辐射噪声和由于轮胎激振车体振动产生的噪声构成。轮胎直接辐射噪声，按其机理主要包括轮胎表面花纹噪声和轮体振动噪声，还有在急转弯和紧急制动时与路面作用产生的自激振动噪声等。轮胎噪声的大小与轮胎花纹构造、路面特性及车速有关，且主要取决于车速，其强度随车速的增加而增大。

二、噪声的物理量

1. 分贝

能够引起人听觉的声波不仅要有一定的频率范围，而且还要有一定的声压范围，而声压的变化范围非常大，可达 6 个数量级以上，在实际使用上不太方便。另外，人类听觉对声音信号强弱刺激的反应不是线性的，而是成对数比例关系。因此，通常以一种对数方式——分贝（dB）来表达声学量值。

分贝是指两个相同的物理量（如 A 和 A_0）之比取以 10 为底的对数并乘以 10（或 20）。

$$N = 10 \lg \frac{A}{A_0} \tag{5-1}$$

式中　A_0——基准量（或参考量）；

A——被量度量。

因此，分贝是无量纲的，在噪声测量中是很重要的参量。被量度量和基准量之比取对数，这对数值称为被量度量的"级"，亦即用对数表度时所得到的是比值，它代表被量度量比基准量高出多少"级"。

2. 声功率级（L_W）

$$L_W = 10 \lg \frac{W}{W_0} \tag{5-2}$$

式中　L_W——声功率级，dB；

W——声功率，W；

W_0——基准声功率，为 10^{-12} W。

3. 声强级（L_I）

$$L_I = 10 \lg \frac{I}{I_0} \tag{5-3}$$

式中　L_I——声强级，dB；

I——声强，W/m^2；

I_0——基准声强，为 $10^{-12}\,\mathrm{W/m^2}$。

4. 声压级（L_p）

$$L_p = 10\lg\frac{p^2}{p_0^2} = 20\lg\frac{p}{p_0} \tag{5-4}$$

式中　L_p——声压级，dB；

　　　p——声压，Pa；

　　　p_0——基准声压，为 $2\times10^{-5}\,\mathrm{Pa}$。

正常人的轻声耳语声压级约为 30dB，相距 1m 左右的会话语言约为 60dB，公共汽车噪声约为 80dB，重型载重车、织布车间、地铁内噪声约为 100dB，大炮轰鸣、喷气机起飞噪声约为 130dB。

三、噪声评价指标

1. A 声级

指用 A 计权网络测得的声压级，用 L_A 表示，单位为 dB（A）。A 计权声级是模拟人耳对 55dB 以下低强度噪声的频率特性；B 计权声级是模拟 55～85dB 的中等强度噪声的频率特性；C 计权声级是模拟高强度噪声的频率特性；D 计权声级是对噪声参量的模拟，专用于飞机噪声的测量。计权网络是一种特殊滤波器，当含有各种频率的声波通过时，它对不同频率成分的衰减是不一样的。A、B、C 计权网络的主要差别在于对低频成分衰减的程度，A 衰减最多，B 其次，C 最少。

2. 等效连续 A 声级

指在规定测量时间 T 内 A 声级的能量平均值，用 $L_{\mathrm{Aeq},T}$ 表示（简写为 L_{eq}），单位为 dB（A）。

$$L_{\mathrm{eq}} = 10\lg\left[\frac{1}{T}\int_0^T 10^{0.1L_{p\mathrm{A}}}\mathrm{d}t\right] \tag{5-5}$$

式中　$L_{p\mathrm{A}}$——某一时刻 t 的瞬时 A 声级，dB；

　　　T——规定的测量时间，s。

除特别指明外，多数噪声标准中噪声限值皆为等效声级。由于 A 计权声级以等响曲线为基准能够较好地反映人耳对噪声强度与频率的主观感觉，因此，在评价连续稳态噪声时得到了广泛的应用。但对于非稳态噪声，如交通噪声随车辆流量和种类而变化，用计权声级只能测出某一时刻的噪声值，即瞬时值，不能代表某一时段内交通噪声的大小。因此提出了一个用噪声能量按时间平均的方法来评价噪声对人的影响，即等效连续声级，用 L_{eq} 或 L_{Aeq} 表示。它是用一个相同时间内声能与之相等的连续稳定的 A 声级来表示该段时间内噪声的大小。

3. 最大声级

在规定测量时间内对频发或偶发噪声事件测得的 A 声级最大值，用 $L_{\max}$ 表示，单位为 dB（A）。

4. 累积百分声级

用于评价测量时间段内噪声强度时间统计分布特征的指标，指占测量时间段一定比例的累积时间内 A 声级的最小值，用 L_N 表示，单位为 dB（A）。最常用的是 L_{10}、L_{50} 和 L_{90}，其含义分别为在测量时间内有 10%、50% 和 90% 的时间 A 声级超过的值，相当于噪声的平均峰值、平均中值和平均本底值。

💡 **想一想**

1. 噪声监测类型有哪些？

2. 噪声监测的布点要求有哪些?

任务三　绘制监测采样点位布设图

任务要求

1. 了解不同类型噪声监测点位的设置方法。
2. 能正确设置噪声监测点位。

一、城市区域声环境质量监测点位设置

城市区域声环境监测的目的是评价整个城市环境噪声总体水平,分析城市声环境质量的年度变化规律和变化趋势。

按照《声环境质量标准》(GB 3096—2008) 附录 B 中声环境功能区普查监测方法,将整个城市建成区划分成多个等大的正方形网格 (如 1000m×1000m),对于未连成片的建成区,正方形网格可不衔接。网格中水面面积为 100% 或非建成区面积大于 50% 的为无效网格,整个城市建成区有效网格总数应多于 100 个。

在每一个网格的中心布设 1 个监测点位。若网格中心点不宜测量(如水面、禁区等),应将监测点位移动到距离中心点最近的可测量位置进行测量。《声环境质量标准》(GB 3096—2008) 规定,环境噪声监测根据监测对象和目的,可选择以下三种测点条件(指传声器所置位置)进行环境噪声的测量:

(1) 一般户外　距离任何反射物(地面除外)至少 3.5m 外测量,距地面高度 1.2m 以上。必要时可置于高层建筑上,以扩大监测受声范围。使用监测车辆测量,传声器应固定在车顶部 1.2m 高度处。

(2) 噪声敏感建筑物户外　在噪声敏感建筑物外,距墙壁或窗户 1m 处,距地面高度 1.2m 以上。

(3) 噪声敏感建筑物室内　距离墙面和其他反射面至少 1m,距窗约 1.5m 处,距地面 1.2～1.5m 高。

二、城市道路交通噪声监测点位设置

城市道路交通噪声监测的目的是反映道路交通噪声源的噪声强度,分析道路交通噪声声级与车流量、路况等关系及变化规律,分析城市道路交通噪声的年度变化规律和变化趋势。道路交通监测的选点原则:

① 能反映城市建成区内各类道路(快速路、主干路、次干路等)交通噪声排放特征。

② 能反映不同道路特点(考虑交通类型、交通流量、机动车行驶速度、路面结构、道路宽度、敏感建筑物分布等)交通噪声排放特征。

③ 道路交通噪声监测点位数量:特大城市≥100 个,大城市≥80 个,中等城市≥50 个,小城市≥20 个。一个测点可代表一条或多条相近的道路。

测点选在路段两路口之间,距任一路口的距离大于 50m,路段不足 100m 的选路段中点,测点位于人行道上距路面(含慢车道)20cm 处,监测点位高度距地面为 1.2～6.0m。测点应避开非道路交通源的干扰。

三、工业企业厂界环境噪声监测点位设置

依据《工业企业厂界环境噪声排放标准》(GB 12348—2008) 有关规定,工业企业厂界噪声监测的点位设置需注意:

(1) 测点布设　根据工业企业声源、周围噪声敏感建筑物的布局以及毗邻的区域类别,

在工业企业厂界布设多个测点，其中包括距噪声敏感建筑物较近以及受被测声源影响大的位置。

（2）测点位置一般规定 一般情况下，测点选在工业企业厂界外1m、高度1.2m以上、距任一反射面距离不小于1m的位置。

（3）测点位置其他规定

① 当厂界有围墙且周围有受影响的噪声敏感建筑物时，测点应选在厂界外1m、高于围墙0.5m以上的位置。

② 当厂界无法测量到声源的实际排放状况时（如声源位于高空、厂界设有声屏障等），应按（2）设置测点，同时在受影响的噪声敏感建筑物户外1m处另设测点。

③ 室内噪声测量时，室内测量点位设在距任一反射面至少0.5m以上、距地面1.2m高度处，在受噪声影响方向的窗户开启状态下测量。

④ 固定设备结构传声至噪声敏感建筑物室内，在噪声敏感建筑物室内测量时，测点应距任一反射面至少0.5m以上，距地面1.2m、距外窗1m以上，窗户关闭状态下测量。被测房间内的其他可能干扰测量的声源（如电视机、空调机、排气扇以及镇流器较响的日光灯、运转时出声的时钟等）应关闭。

四、社会生活环境噪声监测点位设置

社会生活环境噪声监测点位布设，要求根据社会生活噪声排放源、周围噪声敏感建筑物的布局以及毗邻的区域类别，在社会生活噪声排放源边界布设多个测点，其中包括距噪声敏感建筑物较近以及受被测声源影响大的位置。

《社会生活环境噪声排放标准》（GB 22337—2008）要求一般情况下，测点选在社会生活噪声排放源边界外1m、高度1.2m以上、距任一反射面距离不小于1m的位置。

测点位置其他规定：

① 当边界有围墙且周围有受影响的噪声敏感建筑物时，测点应选在边界外1m、高于围墙0.5m以上的位置。

② 当边界无法测量到声源的实际排放状况时（如声源位于高空、边界设有声屏障等），应按①设置测点，同时在受影响的噪声敏感建筑物户外1m处另设测点。

③ 室内噪声测量时，室内测量点位设在距任一反射面至少0.5m以上、距地面1.2m高度处，在受噪声影响方向的窗户开启状态下测量。

④ 社会生活噪声排放源的固定设备结构传声至噪声敏感建筑物室内，在噪声敏感建筑物室内测量时，测点应距任一反射面至少0.5m以上，距地面1.2m、距外窗1m以上，窗户关闭状态下测量。被测房间内的其他可能干扰测量的声源（如电视机、空调机、排气扇以及镇流器较响的日光灯、运转时出声的时钟等）应关闭。

五、城市各类功能区声环境质量监测点位设置

城市各类功能区声环境质量监测的目的是评价声环境功能区监测点位的昼间和夜间达标情况，反映城市各类功能区监测点位的声环境质量随时间的变化状况，分析功能区监测点位随时间的变化规律和变化趋势。常规监测中功能区监测采用《声环境质量标准》（GB 3096—2008）附录B中定点监测法。

测点选择按照《声环境质量标准》（GB 3096—2008）附录B中普查监测法，各类功能区粗选出其等效声级与该功能区平均等效声级无显著差异，能反映该类功能区声环境质量特征的测点若干个，再根据如下原则确定本功能区定点监测点位。

① 能满足监测仪器测试条件，安全可靠。

② 监测点位能保持长期稳定。

③ 能避开反射面和附近的固定噪声源。

④ 监测点位应兼顾行政区划分：将要普查监测的某一声环境功能区划分成多个等大的正方格，网格要完全覆盖住被普查的区域，且有效网格总数应多于 100 个。测点应设在每一个网格的中心，测点条件为一般户外条件。

⑤ 4 类声环境功能区选择有噪声敏感建筑物的区域：以自然路段、站场、河段等为基础，考虑交通运行特征和两侧噪声敏感建筑物分布情况，划分典型路段（包括河段）。在每个典型路段对应的 4 类区边界上（指 4 类区内无噪声敏感建筑物存在时）或第一排噪声敏感建筑物户外（指 4 类区内有敏感建筑物存在时）选择 1 个测点进行噪声监测。这些测点应与站、场、码头、岔路口、河流汇入口等相隔一定的距离，避开这些地点的噪声干扰。

城市功能区监测点位数量：特大城市≥20 个，大城市≥15 个，中等城市≥10 个，小城市≥7 个。各类功能区监测点位数量比例按照各自城市功能区面积比例确定。监测点位距地面高度 1.2m 以上。

💡 想一想

1. 所在小组选择的监测任务对应的技术规范中对监测时间、监测频次、监测点位及其他相关要求有哪些？

2. 如何设计一份噪声监测记录表？

3. 此次监测对象选用的评价标准是什么？

任务四　解读标准

💡 任务要求

1. 认识噪声监测相关标准。

2. 了解噪声监测时间及监测频次。

噪声监测涉及的标准有《声环境质量标准》（GB 3096—2008）、《工业企业厂界环境噪声排放标准》（GB 12348—2008）、《社会生活环境噪声排放标准》（GB 22337—2008）等。在实际工作中要及时跟踪查询相关标准是否已经进行了修订升级等，要以最新版本为准。

一、《声环境质量标准》认识

《声环境质量标准》（GB 3096—2008）规定，按区域的使用功能特点和环境质量要求，声环境功能区分为以下五种类型：

(1) 0 类声环境功能区　指康复疗养区等特别需要安静的区域。执行 0 类标准。

(2) 1 类声环境功能区　指以居民住宅、医疗卫生、文化体育、科研设计、行政办公为主要功能，需要保持安静的区域。执行 1 类标准。

(3) 2 类声环境功能区　指以商业金融、集市贸易为主要功能，或者居住、商业、工业混杂，需要维护住宅安静的区域。执行 2 类标准。

(4) 3 类声环境功能区　指以工业生产、仓储物流为主要功能，需要防止工业噪声对周围环境产生严重影响的区域。执行 3 类标准。

(5) 4 类声环境功能区　指交通干线两侧一定区域之内，需要防止交通噪声对周围环境产生严重影响的区域，包括 4a 类和 4b 类两种类型。4a 类为高速公路、一级公路、二级公路、城市快速路、城市主干路、城市次干路、城市轨道交通（地面段）、内河航道两侧区域；4b 类为铁路干线两侧区域。分别执行执行 4a 类和 4b 类标准。

二、监测时间及监测频次

1. 区域声环境监测的频次、时间与测量

① 昼间监测每年 1 次，监测应在昼间正常工作时段内测量，测量时段应覆盖整个正常工作时段。

② 夜间监测每五年 1 次，在每个五年规划的第三年监测，监测从夜间起始时间开始，测量时段应覆盖整个夜间时段。

③ 监测工作应安排在每年的春季或秋季，每个城市监测时间应固定，监测应避开节假日和非正常工作日。

④ 每个监测点位测量 10min 的等效连续 A 声级 L_{eq}（简称等效声级），累积百分声级 L_{10}、L_{50}、L_{90}、L_{max}、L_{min} 和标准偏差（SD）。

2. 道路交通监测的频次、时间与测量

① 昼间监测每年 1 次，监测应在昼间正常工作时段内测量，测量时段应覆盖整个正常工作时段。

② 夜间监测每五年 1 次，在每个五年计划的第三年监测，监测从夜间起始时间开始，测量时段应覆盖整个夜间时段。

③ 监测工作应安排在每年的春季或秋季，每个城市监测时间应固定，监测应避开节假日和非正常工作日。

④ 每个测点测量 20min 等效声级 L_{eq}，累积百分声级 L_{10}、L_{50}、L_{90}、L_{max}、L_{min} 和标准偏差（SD），分类（轻型汽车、重型汽车）记录车流量（辆/20min）。

3. 功能区监测的频次、时间与测量

① 每年每季度监测 1 次，各城市每次测量日期应相对固定。

② 每个监测点位每次连续监测 24h，记录每小时等效声级 L_{eq}、小时累积百分声级 L_{10}、L_{50}、L_{90}、L_{max}、L_{min} 和标准偏差（SD）。

③ 监测应避开节假日和非正常工作日。

4. 工业企业厂界环境噪声监测的时段与测量

① 测量时段：分别在昼间、夜间两个时段测量。夜间有频发、偶发噪声影响时同时测量最大声级。

② 被测声源是稳态噪声，采用 1min 的等效声级。

③ 被测声源是非稳态噪声，测量被测声源有代表性时段的等效声级，必要时测量被测声源整个正常工作时段的等效声级。

5. 社会生活噪声监测的时段与测量

同"4. 工厂企业厂界环境噪声监测的时段与测量"。

想一想

1. 噪声监测仪器的作用原理是什么？
2. 什么是厂界噪声？如何监测？
3. 什么是社会生活噪声？如何监测？
4. 什么是校园噪声敏感点监测？如何监测？
5. 什么是城市声功能区监测？如何监测？
6. 什么是城市区域声环境质量监测？如何监测？
7. 什么是城市道路交通噪声监测？如何监测？

任务五　准备监测仪器、现场采集数据

任务要求

1. 认识噪声监测仪器。
2. 能使用噪声监测仪器进行噪声现场测量。

一、噪声监测仪器作用与构成

1. 噪声监测仪器的基本构造

事实上人耳对声音是有感觉的，但是这种感觉不仅与声音强度有关，还与声音的频率特性有关。在可听声频率范围内，人耳对高频声感觉灵敏，对低频声感觉迟钝。可见，声压、声压级等物理量只能反映声音在物理上的强弱，不能表现人对声音的主观感觉。噪声的物理量与人的主观听觉之间的关系怎样确定？如何测量呢？声级计就是一种能把工业噪声、生活噪声和交通噪声等，按人耳的听觉特性近似地测定其噪声级的仪器。

常用的噪声测量仪器有声级计、频谱分析仪、声级记录仪、录音机和实时分析仪等。其中，声级计是噪声测量中最基本、最常用的仪器，可测量环境噪声、机器噪声、车辆噪声的声压级和计权声级。

声级计一般由电容传声器、衰减器、放大器、频率计权网络以及有效值指示表等组成，如图 5-1 所示。

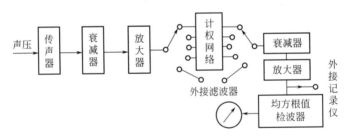

图 5-1　声级计工作原理

（1）传声器　它是把声压信号转变为电压信号的装置，也称为话筒，即是传感器。

（2）放大器和衰减器　目前流行的许多国产与进口的声级计在放大电路中都采用两级放大器，即输入放大器和输出放大器，其作用是将微弱的电信号放大。输入衰减器和输出衰减器是用来改变输入信号的衰减量和输出信号的衰减量的，以便使表头指针指在适当的位置，其每一挡的衰减量为10dB。输入放大器使用的衰减器调节范围为测量底端（如0～70dB），输出放大器使用的衰减器调节范围为测量高端（70～120dB）。

（3）计权网络　为了模拟人耳听觉在不同频率有不同的灵敏性，在声级计内设有一种能够模拟人耳的听觉特性，把电信号修正为与听觉近似的网络，这种网络叫作计权网络。计权网络一般有A、B、C三种，已有描述。从声级计上得出的噪声级读数，必须注明测量的A、B、C声级中哪一种。

（4）检波器和指示表头　为了使经过放大的信号通过表头显示出来，还需要有检波器，以便把迅速变化的电压信号转变成变化较慢的直流电压信号。这个直流电压的大小要正比于输入信号的大小。指示表头是一只电表，只要对其刻度进行一定的标定，就可从表头上直读出噪声级的分贝值。声级计表头阻尼一般都有"快"和"慢"两个挡。"快"挡的平均时间为0.27s，很接近于人耳听觉器官的生理平均时间；"慢"挡的平均时间为1.05s。当对稳态噪声进行测量或需要记录声级变化过程时，使用"快"挡比较合适；在被测噪声的波动比较大时，使用"慢"挡比较合适。

2. 噪声仪器的分类

根据精度声级计可分为普通声级计和精密声级计。普通声级计对传声器要求不太高，动态范围和频响平直范围较狭，一般不与带通滤波器相连用；精密声级计对传声器要求频响宽，灵敏度高，长期稳定性好，且能与各种带通滤波器配合使用。放大器输出可直接和电平记录器、录音机相连接，将噪声信号显示或储存起来。如将精密声级计的传声器换成加速度计，还可用来测量振动。近年来有人将声级计分为四类：0型、Ⅰ型、Ⅱ型、Ⅲ型。它们的精度分别为±0.4dB、±0.7dB、±1.0dB和±1.5dB。

根据声级计的用途又可以将其分为两类，一类用于测量稳态噪声，一类则用于测量不稳态噪声和脉冲噪声。根据声级计所用电源不同，还可分为交流式和用干电池的直流式声级计两类，后者也可以称为便携式。便携式具有体积小、质量轻和现场使用方便等优点。

二、噪声监测仪器作用原理

被测的声压信号通过传声器转换成电压信号，然后经衰减器、放大器以及相应的计权网络、滤波器，或者输入记录仪，或者经过均方根值检波器直接推动以分贝标定的指示表头。由于表头指示范围仅有20dB，而声音变化范围可高达140dB，故必须使用衰减器来衰减信号，再由输入放大器进行定量放大。经放大后的信号由计权网络对信号进行频率计权（或外接滤波器），然后先经衰减器、再经放大器将信号放大到一定的幅值，输出信号经均方根检波电路（RMS检波）送出有效值电压，推动电流表，显示所测量的声压级噪声（dB）。

三、声环境质量监测现场测量

1. 声环境质量监测现场测量要求

① 噪声监测的测量仪器精度、气象条件和采样方式等应符合《声环境质量标准》（GB 3096—2008）的相应要求。

② 噪声测量仪器在每次测量前后须在现场用声校准器进行声校准，其前、后校准示值偏差不得大于0.5dB，否则测量无效。测量需使用延伸电缆时，应将测量仪器与延伸电缆一起进行校准。

③ 声级计或传声器单元可手持或固定在测量三脚架上，传声器距水平基础支承面1.2m以上，离任何反射面距离不小于1m，与操作者距离不小于0.5m。道路交通噪声监测，传声器指向被测声源。

④ 声环境质量监测应在规定时间内进行［一般分为昼间（6:00～22:00）和夜间（22:00～6:00）两个时间段。白天测量一般选在8:00～12:00或14:00～18:00，夜间一般选在22:00～5:00，随着地区和季节不同，上述时间可以稍作更动］，不得挑选监测时间或随意按暂停键。测量过程中凡是自然社会可能出现的声音（如叫卖声、说话声、哭声、鸣笛声等），均不得视作异常噪声而予以排除。

⑤ 测量。按前述有关点位布设的规定在每一个测量点，连续读取100个数据（当噪声涨落较大时应取200个数据）代表该点的噪声分布，白天和夜间分别测量，测量的同时要判断和记录周围声学环境，如主要噪声来源等。

2. 交通噪声监测现场测量

① 测量时间一般白天选在工作时间范围内（如8:00～12:00和14:00～16:00），夜间选在睡眠时间范围内（如23:00～5:00），具体时间可依据不同地区和季节调整。

② 测量时每隔5s记一个瞬时A声级（慢响应），连续记录200个数据，测量的同时记

录交通流量（机动车）。将 200 个数据从小到大排列，第 20 个数为 L_{90}，第 100 个数为 L_{50}，第 180 个数为 L_{10}，并计算 L_{eq}，交通噪声基本符合正态分布，故可做近似计算。

3. 工业企业厂界噪声监测现场测量

① 测量时传声器加防风罩。

② 被测声源是稳态噪声，采用 1min 的等效声级。测量仪器时间计权特性设为"F"档，采样时间间隔不大于 1s。

③ 被测声源是非稳态噪声，测量被测声源有代表性时段的等效声级，必要时测量被测声源整个正常工作时段的等效声级。测量时使用慢挡。为便于操作，建议连续读取 100 个数据计算 L_{eq}。

④ 测量条件

a. 气象条件：测量应在无雨雪、无雷电天气，风速为 5m/s 以下时进行。不得不在特殊气象条件下测量时，应采取必要措施保证测量准确性，同时注明当时所采取的措施及气象情况。

b. 测量工况：测量应在被测声源正常工作时间进行，同时注明当时的工况。

4. 社会生活噪声监测现场测量

同"3. 工厂企业厂界噪声监测现场测量。"

想一想

1. 所在小组的噪声监测数据如何进行处理？
2. 如何进行噪声的叠加及背景值的扣除？

任务六　监测数据处理

任务要求

1. 了解噪声监测数据的处理方法。
2. 能正确进行数据处理。

一、城市环境噪声总体水平

计算整个城市环境噪声总体水平。将整个城市所有网格测点测得的等效声级分昼间和夜间，按式(5-6)进行算术平均运算，所得到的昼间平均值 $\overline{L}_d$ 和夜间平均值 $\overline{L}_n$ 代表该城市昼间和夜间的环境噪声总体水平。

$$\overline{L} = \frac{1}{n} \sum_{i=1}^{n} L_{eqi} \tag{5-6}$$

式中　$\overline{L}$——$\overline{L}_d$ 或 $\overline{L}_n$，dB(A)；

L_{eqi}——第 i 个网格测得的等效声级，dB(A)；

n——有效网格总数。

二、道路交通监测的结果

将道路交通噪声监测的等效声级采用路段长度加权算术平均法，按式(5-7)计算城市道路交通噪声平均值。

$$L = \frac{1}{l} \sum_{i=1}^{n} l_i L_i \tag{5-7}$$

式中　L——道路交通噪声平均等效声级，dB(A)；

　　　l——监测的路段总长，$l = \sum\limits_{i=1}^{n} l_i$，m；

　　　l_i——第 i 测点代表的路段长度，m；

　　　L_i——第 i 测点测得的等效声级 L_{eq}，dB(A)。

三、声功能区监测的结果

将某一功能区昼间连续 16 小时和夜间 8 小时测得的等效声级分别进行能量平均，按式 (5-8) 和式(5-9) 计算昼间等效声级和夜间等效声级。

$$L_d = 10 \lg \left(\frac{1}{16} \sum_{i=1}^{16} 10^{0.1 L_{eqi}} \right) \tag{5-8}$$

$$L_n = 10 \lg \left(\frac{1}{8} \sum_{j=1}^{8} 10^{0.1 L_{eqj}} \right) \tag{5-9}$$

式中　L_d——昼间等效声级，dB(A)；

　　　L_n——夜间等效声级，dB(A)；

　　　L_{eqi}——昼间 16 个小时中第 i 小时等效声级，dB(A)；

　　　L_{eqj}——夜间 8 个小时中第 j 小时等效声级，dB(A)。

四、工业企业厂界噪声与社会生活噪声监测的结果修正

① 噪声测量值与背景噪声值相差大于 10dB(A) 时，噪声测量值不做修正。

② 噪声测量值与背景噪声值相差在 3~10dB(A) 之间时，噪声测量值与背景噪声值的差值取整后，按测量结果修正表［单位为 dB(A)］进行修正。

差值	3	4~5	6~10
修正值	-3	-2	-1

③ 噪声测量值与背景噪声值相差小于 3dB(A) 时，应采取措施降低背景噪声后，视情况按①或②执行；仍无法满足前两款要求的，应按环境噪声监测技术规范的有关规定执行。

五、噪声的叠加和相减

一般相距 1m 左右的会话语言约为 60dB，大炮轰鸣、喷气机起飞约为 130dB。

生活实际中如果是 4 个人在 1m 左右分 2 组一起会话，会不会产生大炮轰鸣（60dB+60dB=120dB）的感觉呢？显然是不会的。在实际监测工作中，时常需要对测定的背景噪声值进行修正，即噪声的相减。理论上讲，声压不能直接代数相加或相减，那么该如何进行噪声的计算呢？

1. 噪声的叠加

两个以上独立声源作用于某一点，产生噪声的叠加。

声能量和声强是可以代数相加的，设两个声源的声功率分别为 W_1 和 W_2，那么总声功率 $W_总 = W_1 + W_2$。设两个声源在某点的声强为 I_1 和 I_2 时，叠加的总声强 $I_总 = I_1 + I_2$。但声压不能直接相加。

由于　　　　　　　　　　　　　$I_1 = \frac{p_1^2}{pC}, I_2 = \frac{p_2^2}{pC}$

故　　　　　　　　　　　　　　$p_总 = \sqrt{p_1^2 + p_2^2}$

又因为　　　　　　　　$(p_1/p_0)^2 = 10^{L_{p_1}/10}, (p_2/p_0)^2 = 10^{L_{p_2}/10}$

故总声压级

$$L_p = 10\lg \frac{p_1^2 + p_2^2}{p_0^2}$$

$$= 10\lg (10^{L_{p_1}/10} + 10^{L_{p_2}/10})$$

在实际计算中，分为几种情况：

① 两个声源的声源完全相等，即 $L_{p_1} = L_{p_2}$

则

$$L_p = L_{p_1} + 10\lg 2$$

$$\approx L_{p_1} + 3 \text{（dB）}$$

即作用于某一点的两个声源声压级相等，其合成的总声压为其中一个声源的声压级增加 3dB。

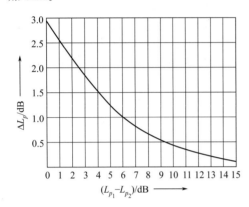

图 5-2 噪声声源叠加曲线

② 声压级不相等，计算起来很麻烦，有一个数理统计后产生简便算法。

 a. 比大小 设 $L_{p_1} > L_{p_2}$

 b. 求差值 $\Delta L_p = L_{p_1} - L_{p_2}$

 c. 查曲线 查图 5-2 得 ΔL_p 值

 d. 求总和 $L_总 = L_{p_1} + \Delta L_p$

【例 5-1】 两台车床作用于某一点的声压级分别为 $L_{p_1} = 96\text{dB}$，$L_{p_2} = 93\text{dB}$，求总声压级。

① 比大小 $L_{p_1} = 96\text{dB} > L_{p_2} = 93\text{dB}$

② 求差值 $\Delta L_p = 96\text{dB} - 93\text{dB} = 3\text{dB}$

③ 查曲线 查图 5-2，得 $\Delta L_p = 1.8\text{dB}$

④ 求总和 $L_总 = L_{p_1} + \Delta L_p = 96\text{dB} + 1.8\text{dB} = 97.8_d\text{B}$

由图 5-2 可知，两个噪声相加，总声压级不会比其中任一个大 3dB 以上；而两个压级相差 10dB 以上时，叠加增量可忽略不计。

掌握了两个声源的叠加，就可以推广到多声源的叠加，只需逐次两两叠加即可，而与叠加次序无关。

例如，有八个声源作用于一点，声压级分别为 70dB、75dB、82dB、90dB、93dB、95dB、100dB，它们合成的总声压级可以任意次序查图 5-2 的曲线两两叠加而得。

2. 噪声的相减

噪声测量中也会碰到扣除背景噪声的问题，即噪声的相减问题。通常是指噪声源的声级比背景噪声高，但是后者的存在往往会使测量仪器的读数增高，需要减去背景噪声。比如当车床运行时会产生噪声，工作环境中也会有其他声音存在。首先关闭车床，测量一个噪声值为 45dB，开启车床再测量一个噪声值为 90dB。能否简单地认为车床的实际噪声就是 90dB－45dB＝45dB 呢？与噪声的叠加相同，显然二者之间并不是简单的代数相减了。应该采用图 5-3 所示的噪声修正曲线来进行修正。

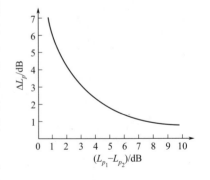

图 5-3 噪声修正曲线

【例 5-2】 为测定某车间的一台机器的噪声大小，从声级计上测定声级为 104dB，当机器停止工作，测定背景噪声为 100dB。求该机器的噪声实际大小为多少？

解：总声级（L_{p_1}）104dB，背景噪声（L_{p_2}）100dB。

① 求差值 $L_{p_1} - L_{p_2} = 104\text{dB} - 100\text{dB}$
$\qquad\qquad\qquad = 4\text{dB}$

② 查 ΔL_p $\quad \Delta L_p = 2.2\text{dB}$

③ 扣背景 $\quad L_{p_1} - \Delta L_p = 104\text{dB} - 2.2\text{dB}$
$\qquad\qquad\qquad\quad = 101.8\text{dB}$

💡 想一想

1. 噪声监测报告的内容组成包括哪些?

2. 小组所测定的噪声监测数据如何评价?

任务七　撰写监测报告

💡 任务要求

1. 了解噪声环境监测评价方法。

2. 能正确完成噪声监测报告。

一、城市区域声环境质量总体水平评价

城市区域声环境质量总体水平等级划分见表5-2。

表 5-2　城市区域声环境质量总体水平等级划分　　　　　单位:dB(A)

质量等级	一级	二级	三级	四级	五级
昼间平均等效声级	≤50.0	50.1~55.0	55.1~60.0	60.1~65.0	>65.0
夜间平均等效声级	≤40.0	40.1~45.0	45.1~50.0	50.1~55.0	>55.0

城市区域声环境质量等级"一级"至"五级"可分别对应评价为"好""较好""一般""较差"和"差"。

💡 任务实施

操作 1　校园环境噪声的监测

一、目的要求

1. 训练学生独立完成环境噪声监测任务的能力;

2. 使学生学会、熟练声级计的使用方法;

3. 训练对非稳态的无规则噪声监测数据的处理方法,对监测结果的分析和评价能力。

二、监测地点

校园。

三、任务组织

将整班学生分为5组,每组8个人,一个组长。学生在指导老师的带领下进行具体操作。

四、测定步骤

1. 制订噪声监测方案

(1) 将学校(或某一地区)划分为 $50\text{m} \times 50\text{m}$ 的网格,测量点选在每个网格的中心,若中心点的位置不宜测量,可移到旁边能够测量的位置。

（2）每组 6 人配置一台声级计，顺序到各网点测量，每一网格测量 1~2 次，时间间隔尽可能相同。

（3）读数方式用慢档，每隔 5s 读一个瞬时 A 声级，连续读取 100 个数据。读数同时要判断和记录附近主要噪声来源（如交通噪声、施工噪声、工厂或车间噪声、锅炉噪声等）和天气条件。

2. 数据处理

环境噪声是随时间而起伏的无规律噪声，因此测量结果一般用统计值或等效声级来表示，本试验用等效声级表示。

（1）将各网点每一次的测量数据 100 个（当噪声涨落较大时应取 200 个数据）顺序排列找出 L_{10}、L_{50}、L_{90}，求出等效声级 L_{eq}，再将该网点一整天的各次 L_{eq} 值求出算术平均值，作为该网点的环境噪声评价量。

$$L_{eq} \approx L_{50} + d^2/60, d^2 = L_{10} - L_{90}$$

（2）以 5dB 为一等级，用不同颜色或阴影线绘制学校（或某一地区）噪声污染图。

3. 对校园噪声进行简单评价

全班同学在一起对污水监测结果进行讨论，并对校园噪声进行简单评价。要求学生积极发言，发表自己的观点及意见。

（1）对监测结果讨论的内容及方式。首先每一组负责人员对本监测点基本情况进行描述，对选择的项目监测及其结果进行叙述，说明监测过程中出现哪些异常问题，对本组所得监测结果进行总结。

（2）对校园噪声评价，分析校园噪声现状和特点。

二、道路交通噪声强度级别评价

道路交通噪声强度等级划分见表 5-3。

表 5-3　道路交通噪声强度等级划分　　　　　　　　单位：dB(A)

等级	一级	二级	三级	四级	五级
昼间平均等效声级	≤68.0	68.1~70.0	70.1~72.0	72.1~74.0	>74.0
夜间平均等效声级	≤58.0	58.1~60.0	60.1~62.0	62.1~64.0	>64.0

道路交通噪声强度等级"一级"至"五级"可分别对应评价为"好""较好""一般""较差"和"差"。

三、功能区声环境质量时间分布图

以每一小时测得的等效声级为纵坐标、时间序列为横坐标，绘制得出 24h 的声级变化图，用于表示功能区监测点位环境噪声的时间分布规律。

同一点位或同一类功能区绘制总体时间分布图时，小时等效声级采用对应小时算术平均的方法计算。

四、工业企业厂界噪声评价

各个测点的测量结果应单独评价。同一测点每天的测量结果按昼间、夜间进行评价。最大声级 L_{max} 直接评价。

1. 厂界环境噪声排放限值

① 工业企业厂界环境噪声不得超过表 5-4 规定的排放限值。

表 5-4 工业企业厂界环境噪声排放限值 单位：dB(A)

厂界外声音环境功能区类别	噪声排放值	
	昼间	夜间
0	50	40
1	55	45
2	60	50
3	65	55
4	70	55

② 夜间频发噪声的最大声级超过限值的幅度不得高于 10dB(A)。

③ 夜间偶发噪声的最大声级超过限值的幅度不得高于 15dB(A)。

④ 工业企业若位于未划分声环境功能区的区域，当厂界外有噪声敏感建筑物时，由当地县级以上人民政府参照 GB 3096—2008 和 GB/T 15190—2014 的规定确定厂界外区域的声环境质量要求，并执行相应的厂界环境噪声排放限值。

⑤ 当厂界与噪声敏感建筑物距离小于 1m 时，厂界环境噪声应在噪声敏感建筑物的室内测量，并将表 5-4 中相应的限值减 10dB(A) 作为评价依据。

2. 结构传播固定设备室内噪声排放限值

当固定设备排放的噪声通过建筑物结构传播至噪声敏感建筑物室内时，噪声敏感建筑物室内等效声级不得超过表 5-5 和表 5-6 规定的限值。

表 5-5 结构传播固定设备室内噪声排放限值（等效声级） 单位：dB(A)

声环境功能区类别	排放限值			
	A 类房间		B 类房间	
	昼间	夜间	昼间	夜间
0	40	30	40	30
1	40	30	45	35
2、3、4	45	35	50	40

注：A 类房间指以睡眠为主要目的，需要保证夜间安静的房间，包括住宅卧室、医院病房、宾馆客房等。

B 类房间指主要在昼间使用，需要保证思考与精神集中、正常讲话不被干扰的房间，包括学校教室、会议室、办公室、住宅中卧室以外的其他房间等。

表 5-6 结构传播固定设备室内噪声排放限值（倍频带声压级）

声敏感建筑物所处声环境功能区类别	时段	房间类别	室内噪声倍频带中心频率/Hz				
			31.5	63	125	250	500
			排放限值/dB(A)				
0	昼间	A、B 类房间	76	59	48	39	34
	夜间	A、B 类房间	69	51	39	30	24
1	昼间	A 类房间	76	59	48	39	34
		B 类房间	79	63	52	44	38
	夜间	A 类房间	69	51	39	30	24
		B 类房间	72	55	43	35	29
2、3、4	昼间	A 类房间	79	63	52	44	38
		B 类房间	82	67	56	49	43
	夜间	A 类房间	72	55	43	35	29
		B 类房间	76	59	48	39	34

五、社会生活环境噪声评价

① 社会生活噪声排放源边界噪声不得超过表 5-7 规定的排放限值。

表 5-7　社会生活噪声排放源边界噪声排放限值　　　　　　　　单位：dB(A)

边界外声音环境功能区类别	噪声排放限值	
	昼间	夜间
0	50	40
1	55	45
2	60	50
3	65	55
4	70	55

② 在社会生活噪声排放源边界处无法进行噪声测量或测量的结果不能如实反映其对噪声敏感建筑物的影响程度的情况下，噪声测量应在可能受影响的敏感建筑物窗外 1m 处进行。

③ 当社会生活噪声排放源边界与噪声敏感建筑物距离小于 1m 时，应在噪声敏感建筑物的室内测量，并将表 5-7 中相应的限值减 10dB(A) 作为评价依据。

④ 结构传播固定设备室内噪声排放限值　在社会生活噪声排放源位于噪声敏感建筑物内情况下，噪声通过建筑物结构传播至噪声敏感建筑物室内时，噪声敏感建筑物室内等效声级仍然按照表 5-5 和表 5-6 规定的限值，不可超过相应限值。对于在噪声测量期间发生非稳态噪声（如电梯噪声等）的情况，最大声级超过限值的幅度不得高于 10dB（A）。

⚡ 任务实施

操作 2　扰民噪声监测

一、目的要求

1. 了解扰民噪声的监测方法；

2. 掌握声级计的使用方法；

3. 能正确分析噪声对人类生产、生活产生的不良影响，写出评价报告。

二、仪器

普通声级计。

三、操作步骤

在受外来噪声影响的居住或办公建筑物外 1m（如窗外 1m）设点，不得不在室内测量时，距墙面和其他反射面不小于 1m，距窗户约 1.5m，开窗状态。

测量应选在无雨、无雪天气，风力小于 4 级（风速小于 5.5m/s）时进行。白天时间一般选在 6:00～22:00，夜间时间一般选在 22:00～6:00。声级计安装在三脚架上，传声器在离地面高度为 1.2m 以上的噪声影响敏感处且指向声源，传声器带风罩。选用 A 计权快挡，每隔 5s 读一瞬时声级，连续读 100 个数据［当声级涨落大于 10dB(A) 时，应读取 200 个数据］。

四、数据处理

按区域环境噪声有关公式计算等效连续 A 声级 L_{eq}。将全部测点测得的连续等效 A 声级做算术平均运算，所得到的算术平均值就代表区域的扰民噪声水平。

附件 1：GB 3096—2008《声环境质量标准》

附件 2：GB 12348—2008《工业企业厂界环境噪声排放标准》

附件 3：GB 22337—2008《社会生活环境噪声排放标准》

附件 4：HJ 640—2012《环境噪声监测技术规范　城市声环境常规监测》

标准扫一扫　　　　标准扫一扫　　　　标准扫一扫　　　　标准扫一扫

M5-1　　　　　　　M5-2　　　　　　　M5-3　　　　　　　M5-4
GB 3096—2008　　GB 12348—2008　　GB 22337—2008　　HJ 640—2012

知识拓展

　　我国关于环境噪声监测的工作距今已开展多年，但收效不佳，因目前该项工作的主要内容依旧是以人工监测为主、科技技术为辅的形式展开，缺乏创新，用来监测的技术更新速度也相对缓慢。在此趋势下，有人想到将分布式人工智能技术结合到环境噪声监测系统中来。利用 MAS 对复杂系统问题强大的求解能力，建立出基于 MAS 的环境噪声监测系统，构造 BDI 模型，拓展混合的 Agent 结构，将传统的不具备自治能力的噪声监测系统转变为低耦合高内聚同时拥有具有自我管制学习能力的 MAS 监测系统，使监测系统具备良好的可靠性、可扩展性和稳定性，完善了噪声监测决策库，提高了监测管理水平。

项目小结

　　1. 从主观评价看一切影响他人的声音均为噪声。从环境保护的角度看，凡是影响人们正常学习、工作和休息的声音，凡是人们在某些场合"不需要的声音"，都统称为噪声。从物理角度看，噪声是发声体做无规则振动时发出的声音。

　　2. 根据噪声污染的来源，可以将噪声分为四大类：交通噪声、工业噪声、建筑施工噪声及社会生活噪声。噪声污染与水体污染、大气污染及土壤污染不同，具有自己的特点，主要包括：主观性、局部且易多发性及暂时性等特点。

　　3. 噪声的物理量有声压、声强和声功率等，由于声压、声强和声功率等物理量的变化范围非常宽广，一般以分贝为单位，分别用声压级、声强级和声功率级等无量纲的量来度量噪声。其中，最常用的是声压级。

　　4. 为了能用仪器直接反映人的主观响度感觉的评价量，在噪声测量仪器——声级计中设计了一种特殊滤波器，叫计权网络。通过计权网络测得的声压级，已不再是客观物理量的声压级，而叫计权声压级或计权声级，简称声级。现已有 A、B、C、D、E 和 SI 等计权声级，其中 A 计权声级最为常用。对于非稳态噪声，一般采用噪声能量按时间平均的方法来评价噪声对人的影响，即等效连续 A 声级。累积百分声级是用于评价测量时间段内噪声强度时间统计分布特征的指标。

　　5. 制订环境噪声监测方案时应包含监测点位、监测时间及监测频次，监测评价标准、监测条件等信息。具体操作可参照《声环境质量标准》（GB 3096—2008）、《工业企业厂界环境噪声排放标准》（GB 12348—2008）以及《社会生活环境噪声排放标准》（GB 22337—2008）等国家标准执行。尤其要特别注意噪声测量应在无雨雪、无雷电天气，风速为 5m/s 以下时进行。

　　6. 测量噪声常用的仪器为声级计。声级计一般由电容传声器、衰减器、放大器、频率计权网络以及有效值指示表等组成。根据精度声级计可分为普通声级计和精密声级计，也可将声级计分为四类：0型、Ⅰ型、Ⅱ型、Ⅲ型，其中0型的精密度最高。

7. 在噪声的叠加及相减中，不能将声压级进行直接的加减，而要将监测数据中两个数据进行比较求差值后查阅噪声叠加曲线或噪声修正曲线，将查阅值与其中最大值相加减。但需注意在一组数据中每个数据只能参与一次计算，而后将处理后的结果与组内其他数据进行计算，切不可将已处理过的数据重复比较计算。

练一练测一测

一、选择题

1. 关于乐音和噪声的叙述正确的是（　　）。

A. 乐音悦耳动听，给人以享受；噪声使人烦躁，有害人的健康

B. 乐音是乐器发出的声音；噪声是机器发出的声音

C. 乐音振动总遵循一定的规律，噪声振动杂乱无章，无规律可循

D. 噪声是干扰他人休息、学习、生活、工作的声音

2. 以下减少噪声的措施中，属于传播过程中减弱的是（　　）。

A. 建筑工地上噪声大的工作要限时　　　　B. 市区里种草植树

C. 戴上防噪声耳塞　　　　　　　　　　　D. 市区内汽车禁止鸣喇叭

3. 下列声音中属于噪声的是（　　）。

A. 足球比赛时球迷震耳欲聋的呼喊声

B. 交响乐团演奏时的锣鼓声

C. 工人师傅在一台有毛病的柴油机旁仔细听它发出的声音

D. 上课时小林和同桌轻声细语的交谈声

二、填空题

测量噪声时要求的气象条件为_____、_____，风力_____。

三、判断题

1. 户外进行噪声测量时，应当都套上防风罩。（　　）

2. 噪声测量时段分为昼间和夜间，一般昼间为18h，夜间为6h。（　　）

3. 噪声测量可在下雨天进行。（　　）

四、计算题

今测得有四台机器单独运转时的噪声分别为87dB、69dB、85dB及90dB，若同时开启这四台机器将产生多大的噪声值？

附　　录

评价考核记录表

考核要素	考核标准	观察满意度 （选择一个）	问题满意度 （选择一个）	能力的实现	
				主考教师1	主考教师2
准备工作	穿工作服	是○否○	是○否○		
	正确选择仪器	有○无○	有○无○		
	仪器清洗	是○否○	是○否○		
样品处理	仪器操作是否规范	是○否○	是○否○		
	试剂加入方法	是○否○	是○否○		
	样品处理效果	是○否○	是○否○		
溶液配制	仪器操作是否规范	是○否○	是○否○		
	试剂加入方法	是○否○	是○否○		
	溶液配制是否准确	是○否○	是○否○		
分析测试	仪器操作是否规范	是○否○	是○否○		
	测定过程是否规范准确	是○否○	是○否○		
	读数是否准确	是○否○	是○否○		
台面整理	使用器皿清洗	是○否○	是○否○		
	台面干净整齐	是○否○	是○否○		
数据处理	数据记录是否及时	是○否○	是○否○		
	数据修改是否规范	是○否○	是○否○		
	测定结果准确度	是○否○	是○否○		
	平行样品精密度	是○否○	是○否○		
	报告书写情况	是○否○	是○否○		
时间	完成时间	是○否○	是○否○		

主考教师对学生的反馈

主考教师评论

优秀○　　　良好○　　　合格○　　　不合格○

小组名称

学生姓名		日期	
主考教师签名		日期	
主考教师工作单位			

参 考 文 献

[1] 张欣. 环境监测 [M]. 北京：化学工业出版社，2014.

[2] 王英健，杨永红. 环境监测 [M]. 第 3 版. 北京：化学工业出版社，2017.

[3] 奚旦立，孙裕生. 环境监测 [M]. 北京：高等教育出版社，2010.

[4] 国家环境保护总局，《水和废水监测分析方法》编委会. 水和废水监测分析方法 [M]. 第 4 版. 北京：中国环境科学出版社，2012.

[5] 国家环境保护总局，《空气和废气监测分析方法》编委会. 空气和废气监测分析方法 [M]. 第 4 版增补版. 北京：中国环境科学出版社，2015.

[6] 王寅珏. 环境监测与分析 [M]. 北京：化学工业出版社，2018.

[7] 中国环境保护部. HJ 630—2011 环境监测质量管理技术导则 [S]. 北京：中国环境科学出版社，2011.

[8] 中国环境保护部. HJ 495—2009 水质 采样方案设计技术规定 [S]. 北京：中国环境科学出版社，2009.

[9] 国家环境保护总局. HJ/T 91—2002 地表水和污水监测技术规范 [S]. 北京：中国环境科学出版社，2002.

[10] 长江流域水环境监测中心. SL 219—2013 水环境监测规范 [S]. 北京：中国水利水电出版社，2014.

[11] 中国环境保护部. HJ 493—2009 水质采样 样品的保存和管理技术规定 [S]. 北京：中国环境科学出版社，2009.

[12] 国家环境保护总局. HJ/T 164—2004 地下水环境监测技术规范 [S]. 北京：中国环境科学出版社，2004.

[13] 中国环境保护部. HJ 494—2009 水质采样技术指导 [S]. 北京：中国环境科学出版社，2009.

[14] 国家环境保护总局. HJ/T 92—2002 水污染物排放总量监测技术规范 [S]. 北京：中国环境科学出版社，2002.

[15] 国家环境保护总局. HJ/T 48—1999 烟尘采样器技术条件 [S]. 北京：中国环境科学出版社，1999.

[16] 国家环境保护总局. HJ 194—2017 环境空气质量手工监测技术规范 [S]. 北京：中国环境科学出版社，2017.

[17] 国家环境保护总局. HJ/T 167—2004 室内环境空气质量监测技术规范 [S]. 北京：中国环境科学出版社，2004.

[18] 国家环境保护总局. HJ/T 55—2000 大气污染物无组织排放监测技术导则 [S]. 北京：中国环境科学出版社，2000.

[19] 国家环境保护总局. HJ/T 166—2004 土壤环境监测技术规范 [S]. 北京：中国环境乐学出版社，2004.

[20] 中国环境保护部. HJ 640—2012 环境噪声监测技术规范城市声环境常规监测 [S]. 北京：中国环境科学出版社，2012.